智慧穿戴式物聯網

無線生醫晶片系統開發模組原理與實作

李順裕 著

目錄 CONTENTS

表目錄

圖目錄

序言 PREFACE

本書是介紹一應用於智慧穿戴式物聯網之無線生醫晶片系統開發模組——試穿戴，此模組擁有低功耗、微小化及物聯網化的設計，主要包含了提供各種高品質的生理訊號的量測、無線傳輸與紀錄的功能，來協助後續智慧型訊號的分析、辨識與結果顯示，其中的生理訊號涵蓋了心電訊號、腦電訊號、肌電訊號、血氧訊號等多種人體的生理訊號。開發者透過此模組，可以快速地開發出應用於生醫領域之穿戴式產品，縮短研究開發時間。此外，不同的訊號以不同的模組進行訊號處理，開發者可以依據自身之開發需求，自由地組裝模組，高品質的單一生理訊號搭配後續演算法，即能達成許多訊號擷取與分析的系統，或甚多組、多種生理訊號的合併分析，更能實現多樣態的生醫整合系統。如同組裝一「智慧積木」，我們稱此模組為「TriAnswer：試穿戴（Try and Get Your Answer）」（中華民國專利發明第 I764183 號），期望幫助學習者更快速地熟悉半導體晶片系統、人工智慧、智慧聯網、生物醫學領域等專業知識，也讓開發者能更輕易地實現其設計構想，開發出產品雛形，蓬勃生醫穿戴式產品之領域發展。最後，感謝康宇鎧工程師，協助本書初稿及程式的撰寫，讓內容更符合開發者的需求。

透過此模組開發經驗，可發展出「貼身守護神」系列不同應用之穿戴式產品，如 24 小時心律偵測器（YuGurad：貼心片）、智慧聽診器（YuSound：貼心音）、無線尿液檢測系統與平台（YuRine：尿檢譯）、智慧心律衣（YuCloth：貼心衣）、寵物心律衣（YuPet：寵心衣）、運動心律帶（YuBelt：貼心帶），並分別應用於不同市場，如醫療市場（YuGuard、YuSound、YuRine）、穿戴市場（YuCloth、YuPet、YuBelt）、教育市場（TriAnswer），更能進一步應用於工業市場（工廠檢測設備與轉譯系統（YuCBM：檢備譯）），此「貼身守護神」系列產品將可實現民眾「醫電園」的夢想。歡迎使用者體驗與回饋。

國立成功大學 特聘教授 李順裕 謹識

2022 年 3 月

啊！忘了和大家說，序言之後，我在本書中邀請了一位神秘嘉賓來為各位說明書的內容，期望能為各位帶來豐富且生動的說明，請各位敬請期待囉！

最後，更多有關 TriAnswer 的使用說明大家可以透過相關網頁查看，我這邊就不耽誤大家學習的時間囉：

TriAnswer 模組原理介紹網頁：https://youtu.be/sQcyQJgb_so

TriAnswer 模組實作介紹網頁：https://youtu.be/DJzKJtfdT1s

TriAnswer 模組軟體開源網頁：https://github.com/YuTecHealth

CHAPTER 1

穿戴式裝置與身體感測網路

 1.1 醫療電子需求趨勢

嗨！2022 的地球人們大家好，我是裕鐵克（Yutech），你問說我這穿戴這身奇怪裝置是什麼？好，好，好，你們先冷靜點，我知道你們很好奇我是誰，我這就好好地向各位自我介紹。我是來自 2050 年某個平行宇宙的未來人，可能和你們不一定是同一個時空，不過罷了，我來這邊主要是受到李老師的邀請……嗯？你問說他怎麼邀請我的？那個不重要，重要的是，我接下來要和各位分享的內容啦！

我想在你們那個年代，穿戴式裝置應該已經不算稀有了吧，總之就是像智慧手錶那樣，結合一些電子晶片系統，可隨身穿戴於身上進行生理訊號偵測的裝置（如心律、腦電、肌電、血氧、血壓、呼吸），透過搭建好的身體感測網路將你的生理訊號傳送到智慧型裝置顯示（如手機、平板、電腦），除此之外還可以進一步透過網路傳輸到雲端進行監控與分析（如 Ethernet、Wifi、4G/5G/6G），來達到醫療照護的目的，其實上面說的這些在你們的世界也都是 ing 的唷！是正在進行式！

而且不瞞你們說，受到高齡趨勢、人口結構發生改變的影響，在你們當下未來十年的疾病動態也將發生變化，尤其在高壓力的生活環境中，導致身體提早老化，將使慢性病提早十年引發的機率升高，預期心血管疾病、癌症、糖尿病等，將會是未來占較高比例的疾病。[1] 根據世界衛生組織（WHO）所發佈的資料顯示，在高等收

1　李順裕（2016），〈醫療照護電子化〉，《科學發展》，第 527 期，頁 12-18。

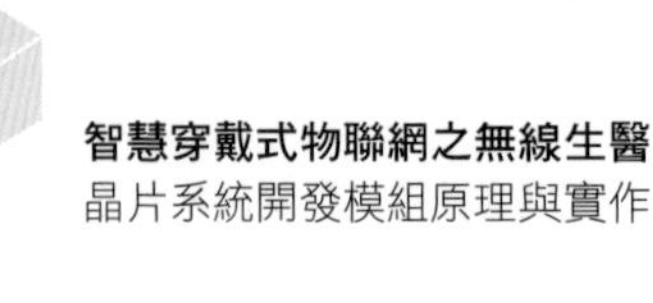

入與中等收入國家中，心臟、腦血管及高血壓之心血管疾病已是十大死因榜首。WHO 在「2019 年全球健康評估報告」提出之全球十大死因，[2] 如圖 1-1 提及，缺血性心臟病與中風之心血管疾病仍占據全球死因前兩名，而且像癌症、糖尿病與腎臟病之非傳染性疾病也被列入到前十名，其中又以糖尿病於 2001 至 2019 年期間死亡人數大幅增加 70%、首度進入全球十大死因。再拿行政院衛生福利部 109 年前十大死因統計來說明，如圖 1-2 所示，癌症、心臟疾病、腦血管疾病、糖尿病、高血壓性疾病與腎病變占據了六個席次，相較於 2019 年死亡人數高血壓疾病（+7.2%）、糖尿病（+3.2%）與心臟疾病（+3.0%）等還在持續攀升中，其起因正是近代社會生活型態的改變，壓力與飲食等因素。

除此之外，也由於人口老化伴隨的衰老和慢性病盛行，相對失能人口也可能大幅增加，因而導致長期照護需求日益增加。人口老化的問題，讓未來年輕的一代除了要花更多的時間在自己的工作與事業上的同時，也得設法讓父母與長輩們得到更好的照料。正是因為上面的這些因素，怎麼讓青壯年們在衝刺國家經濟的同時，還可以不去擔心家中長輩的健康狀況，已經成為國家發展需要重視的一個潛在課題了。哦！說到這，裕鐵克我想起之前在另外一個平行宇宙旅遊時，觀摩「健康星球」他們建立的智慧型居家遠距照護系統（intelligent home telecare system），如圖 1-3。他們以相關電子設備來

---

2 World Health Organization(2020), "Global Health Estimates: Deaths by Cause, Age, Sex, by Country and by Region, 2000-2019." From http://www.who.int/healthinfo/global_burden_disease/estimates/en/index1.html

輔助，實現一人照顧多人的構想，讓年輕社會工作者短缺的同時，還能顧及長者尊嚴與健康安全，有效地分擔長期照護的問題了呢！

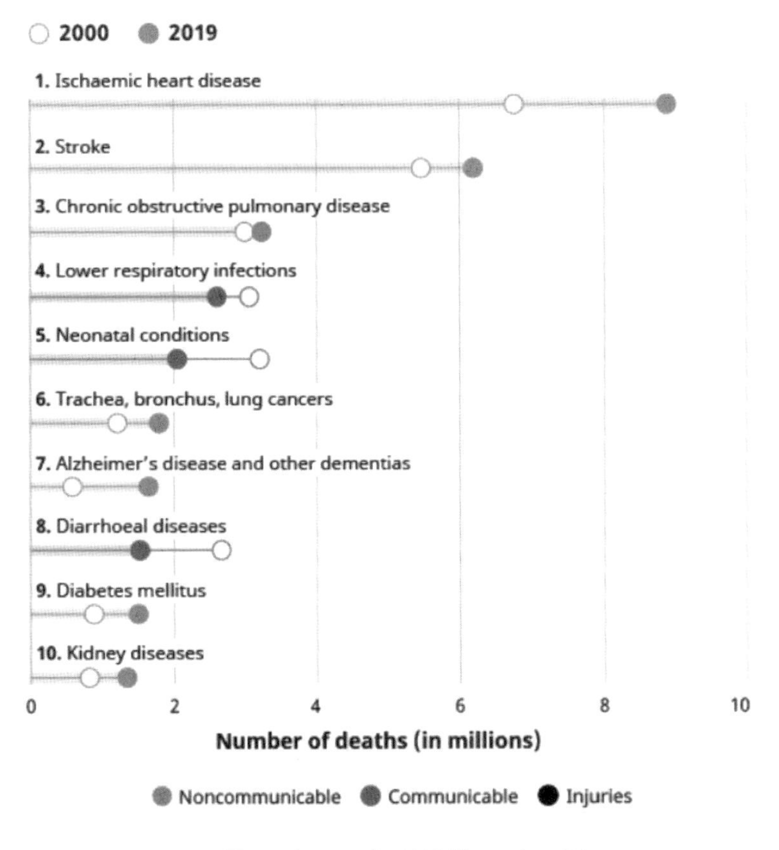

圖 1-1｜2019 年世界前 10 大死因

資料來源：World Health Organization(2020), "Global Health Estimates: Deaths by Cause, Age, Sex, by Country and by Region, 2000-2019."

		死亡人數(人)		死亡率(每十萬人口)			標準化死亡率(每十萬人口)		
		109年	較上年增減%	108年順位	109年	較上年增減%	順位	109年	較上年增減%
順位	所有死亡原因	173,067	-1.3		733.9	-1.3		390.8	-4.3
1	癌症	50,161	-0.1	1	212.7	-0.1	1	117.3	-3.3
2	心臟疾病（高血壓性疾病除外）	20,457	3.0	2	86.7	3.1	2	43.8	0.4
3	肺炎	13,736	-9.5	3	58.2	-9.5	3	26.4	-12.1
4	腦血管疾病	11,821	-2.9	4	50.1	-2.9	4	25.2	-5.4
5	糖尿病	10,311	3.2	5	43.7	3.2	5	22.0	-1.1
6	事故傷害	6,767	1.9	6	28.7	2.0	6	20.3	1.1
7	高血壓性疾病	6,706	7.2	8	28.4	7.3	8	13.4	3.9
8	慢性下呼吸道疾病	5,657	-10.2	7	24.0	-10.2	7	11.0	-12.6
9	腎炎、腎病症候群及腎病變	5,096	0.9	9	21.6	1.0	9	10.5	-2.3
10	慢性肝病及肝硬化	3,964	-6.5	10	16.8	-6.5	10	10.3	-7.8

圖 1-2｜民國 109 年國人死因統計結果

資料來源：衛生福利部（2021），〈109 年國人死因統計結果〉。https://www.mohw.gov.tw/cp-5017-61533-1.html

居家醫療照護可分三個階段，第一階段是醫院看護，屬於比較緊急但往往是最短暫的階段；第二是介於醫院與安養中心或相關民間醫療照護機構之間的居家長期療養與照護；第三則是居家安養安置階段，在這個階段往往是最耗費時間、心力及花費的，不過那個健康星球可厲害了，他們透過遠距醫療（telemedicine）的輔助，除了為偏遠的鄉鎮取得可貴的醫療資源之外，對於慢性病患或是老人監護也透過居家保健照護（home health care）取得了妥善的醫療照護服務。

哦！對！和大家補充說明，上面提到的遠距醫療主要是指利用通訊或網路科技，在不同地點之間互作健康與醫療資訊的傳輸，來達到醫療及保健的目的；居家保健照護則是利用新方法與新器材，以居家方式提供原先需接受醫院持續性醫療照護的病患，他們所需的健康照護服務，使原來必須在醫院進行的診療，得以在病患家中進行，並透過居家監測儀器進行病情監測。當時看到那個健康星球結合了這兩種技術與服務概念，裕鐵克真的很感動，親眼見證了一個超讚的智慧型居家遠距照護系統。還有還有！可不只這樣哦！進一步結合穿戴式裝置，它們的醫療服務與健康監控不侷限於室內，而是可隨時、隨地提供病患更多樣的健康資訊，降低了醫療上的成本，真的超完善的啦！也因為在那趟宇宙旅行所見所聞的感動，讓我更有動力來和大家宣揚這些概念了呢！

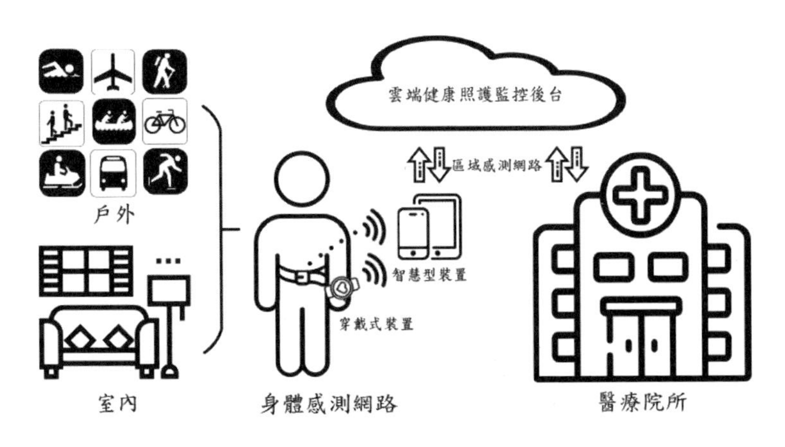

圖 1-3｜智慧型健康照護與監控系統

資料來源：作者繪製。

 1.2 穿戴式裝置

說到這，相信聰明的你們應該都了解了整個醫療電子的全貌與趨勢了吧，那裕鐵克這邊開始要針對個別名詞進行比較深入解說囉。就讓我們從穿戴式裝置開始吧！提到穿戴式裝置的盛行，就不得不先提到智慧型裝置啦！由於智慧型裝置的蓬勃發展，加上它的便利性提升且平均售價趨於平民化，人類的生活型態已充滿智慧型裝置，從手機、手錶、眼鏡、衣服甚至到家電等日常生活用品，都和智慧型裝置結合並融入了人們生活之中。台灣市場調查顯示，在行動裝置普及率的高速成長下，智慧型裝置的使用已不侷限於年輕族群中，長青及年幼族群亦加入使用，就連國小一、二年級的小朋友都人手一支智慧型手機，由此可見，智慧型裝置已融入台灣各年齡層中。綜合以上社會現象，在你們現在所處的台灣已經營造出一個適合發展智慧生活環境的社會，可以利用現有科技與技術，進一步提升大家的生活便利性與健康舒適的環境。

在這樣的時空背景下，穿戴式裝置（wearable devices）與物聯網（internet of things, IoT）的概念因應而生，在那幾年各家科技大廠爭相踏入穿戴式領域，例如谷歌（Google）、三星（Samsung）、蘋果（Apple）分別提出了谷歌眼鏡（Google Glasses）、三星智慧型手錶（Samsung Gear）和蘋果心律偵測手錶（Apple Watch）等產品。如圖 1-4，常見穿戴式裝置主要為帽子、眼鏡、耳機、手錶、手環，在不久的未來也會有更多可穿戴式的裝置被發展出來唷，像是智慧衣、智慧手鍊、項鍊、智慧鞋；目前各大公司仍持續將行動裝置發展朝向輕薄短小、多功能性，並可與生活結合的產品，因此如何在這趨勢中發展出更適合穿戴的裝置就變得特別重要。

這麼說來，回過頭看許多公司把 2013 年視為穿戴式裝置起飛元年，特別是在三星（Samsung）、索尼（Sony）、高通（Qualcomm）、英特爾（Intel）、蘋果（Apple）、谷歌（Google）等大廠陸續領頭推出穿戴式裝置。根據工研院產經中心（IEK）報告指出，2014 年為穿戴式裝置開發元年，而 2015 為物聯網開發元年，意即穿戴式裝置及物聯網之發展已成資訊及通訊科技產業（information and communication technology, ICT）之開發的主流，許多廠商及科技產業均已依循此科技主流進行相關產品之研發。以你們當時最流行的穿戴式裝置為例說明，像蘋果公司所推出之蘋果手錶（Apple Watch），就是一項具備輔助健康與健身之穿戴式裝置，並同時具備網路功能，也可成為物聯網之相關應用平台。消費者可透過蘋果手錶，隨時且隨身紀錄所有行動，紀錄運動健身數據，並具備健康提示之功能，讓此科技手錶成為一相當便利之健康醫療輔具。綜合以上社會現象及社會型態轉變，用科技輔助健康醫療之概念變得離你們的生活更近了，對嗎？

說到這大家應該可以感受到，智慧型裝置已經不僅僅是傳遞訊息及溝通的工具，也成為輔助健康醫療的平台。健康醫療主要可以從兩個角度切入，包含狀態紀錄與警示監控，對於低風險族群如壯年人口，可使用具有心率紀錄功能的手錶、耳機等穿戴式裝置，輔助使用者了解自身生理狀況，達到預防的功能；另一方面，已經患有特定疾病的中高風險族群，則可使用具備分析或能與醫療機構連

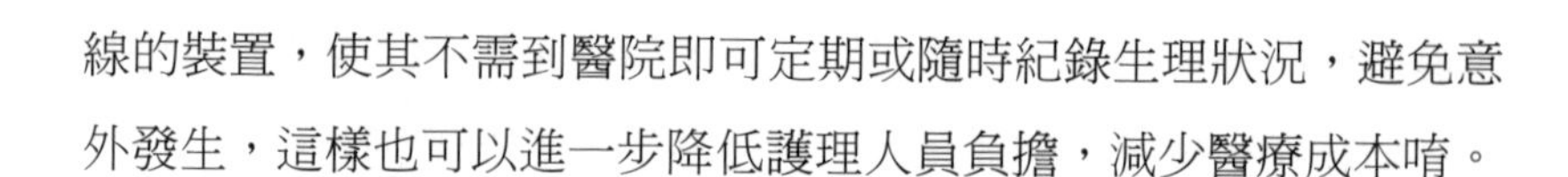

線的裝置，使其不需到醫院即可定期或隨時紀錄生理狀況，避免意外發生，這樣也可以進一步降低護理人員負擔，減少醫療成本唷。

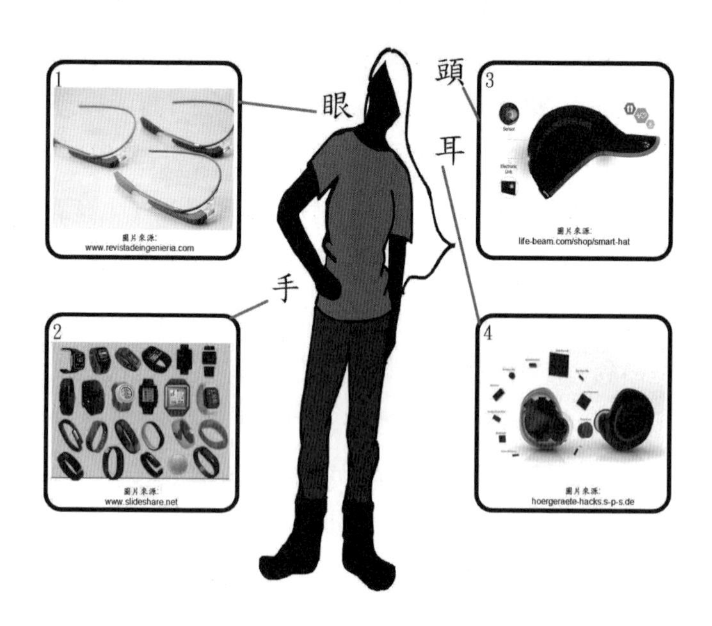

圖 1-4｜常見穿戴式裝置

資料來源：作者繪製。

1.3 穿戴式裝置平台

了解穿戴式裝置它背後更深一層的價值後，讓我們再以更寬廣的角度來聊聊穿戴式裝置吧！在當代，所有市售之穿戴式裝置，都還是固定平台搭載固定功能，像是透過呼吸帶進行呼吸檢測，或是透過心跳帶進行心率檢測，又或者是透過手環或手錶等方式搭配光學感應技術檢測心率等，雖然各項裝置產品具備各自之特點，但市面上卻還沒有一個能有效整合所有實用功能之平台，提供給消費者進行使用。也就是說，消費者只有透過採購數種穿戴式裝置，才能有效地彌補穿戴式裝置個別功能的不足。在當時，正是穿戴式裝置元年及物聯網元年的到來，被 PTT 鄉民奉為「創世神」的杜奕瑾，2017 年 3 月卸下微軟人工智慧團隊亞太區研發總監職務，回到台灣成立了「台灣人工智慧實驗室」，發表「台灣的 AI 元年，從此刻開始」。因此如何發展一個具備多功能且易於整合各個應用功能之平台，並搭配人工智慧技術，就會是未來科技的趨勢。如圖 1-5 就是一個近期我觀察到的一個穿戴式裝置平台範例，它將這三個面向整合得不錯，這個平台所需技術主要可分為三大項：

1. 身體感測網路穿戴式裝置端：生理訊號感測與檢測硬體模組暨訊號控制處理與通訊功能韌體整合平台。
2. 智慧型裝置端：具備韌體整合平台進行訊號接收、人工智慧邊緣運算進行疾病分析及智慧提示之智慧型平台應用程式（APP）顯示健康狀況。
3. 雲端服務端：提供健康照護與監控之巨量資料統計分析、人工智慧雲端大數據分析與雲端資訊與數據整合服務。

裕鐵克第一次看到這個嚇了一大跳，這個平台功不僅能檢測使用者相關生理訊號，如心率訊號、呼吸訊號、動作訊號、腦波訊號、肌電訊號、血氧訊號與體溫等，還能搭配使用藍牙等無線傳輸模組，將相關檢測生理訊號彙整並傳送至資訊顯示平台（智慧型手機或平版電腦），進行資料分析及紀錄，再經由網路功能將部分資

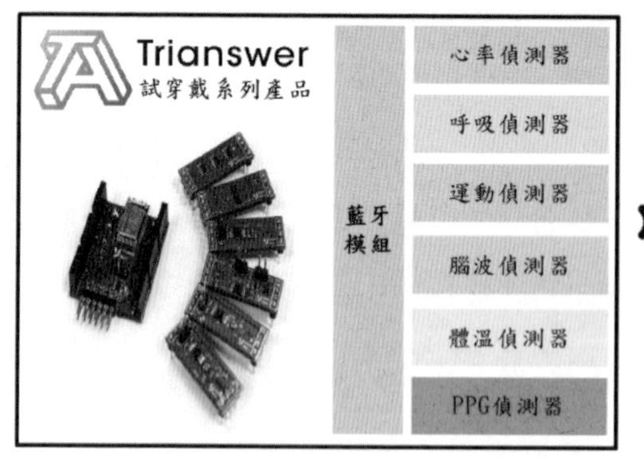

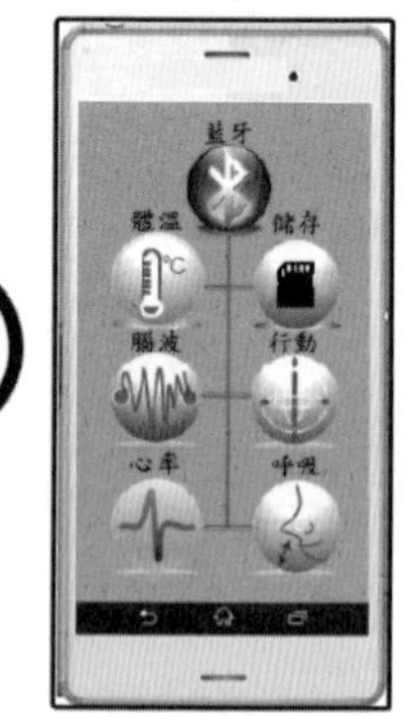

圖 1-5｜穿戴式裝置平台

資料來源：作者實驗拍攝及繪製。

訊傳送至醫療雲端，進行更進階的資料紀錄、人工智慧分析與辨識及社群連結。精明地同學們應該已經注意到了，透過平台整合一來除了可以透過智慧型手機提醒使用者之相關健康保健資訊外，還可以透過雲端與其他使用者產生互動，有助於運動健康社群形成並提升運動風氣。除此之外，這些醫療雲端資料也可提供醫療院所作為醫療照護的資訊，隨時了解病人的健康情形，並提供相關服務。

1.4 身體感測網路

假想大家現在身上配戴了許多穿戴式裝置，手上拿著智慧型手機，我們該如何確保我們重要的生理訊號好好地傳到手機上呢？答案正是這個章節的主題「身體感測網路」。身體感測網路主要是將穿戴式裝置所擷取的生理相關訊號，傳輸至智慧型裝置，乃至於醫療雲端系統來建立整個醫療資訊系統與平台。讓裕鐵克來舉些例子吧！如圖 1-6 所示，廣義的身體感測網路應用包含現今各大廠所開發之體外穿戴式裝置，如帽子、眼鏡、耳機、手錶、智慧衣、智慧手鍊、智慧手環、項鍊、智慧鞋等裝置，初步由接觸式之乾、濕、紡織電極或非接觸式的光感測器、加速規、陀螺儀等元件來擷取生理訊號，並透過身體感測網路將訊號轉交給智慧平台與後端雲端平台分析，建立個人健康照護系統。圖 1-7 是採用腰帶式偵測心率並應用於身體感測網路情境的例子；另外，圖 1-8 是心律整合衣物應用於嬰兒身體感測網路進行照顧的例子。

身體感測網路也可以應用於體內神經調控裝置（植入式醫療電子裝置），如圖 1-9 所示，這在當代可是現代醫療的新思維，將藥物治療導向個別化的物理性治療方式。仰賴半導體與積體電路技術的發展，醫療電子產品在安全和效率上持續提升，帶動了植入式醫療電子的成長。常見的植入性醫療電子裝置及其功能原理如：心律調節器（cardiac pacemaker），它的原理是將刺激電極植入心臟內壁，用來改善心臟跳動的問題，防止因為心律不整造成猝死的危險；深層腦部刺激器（deep brain stimulator）則是將微電極植入大

腦視丘下核（subthalamic nucleus）並加以電刺激，來改善巴金森氏症病患的手足震顫現象；人工電子耳則是透過在耳蝸內植入電極，直接刺激聽覺神經，讓聽損者能重新聽見外面的聲音；人工電子眼主要是透過光感測器與數位訊號處理器，將感應的光訊號轉成電訊號刺激視網膜神經，讓失明者可以對光有反應。另外對於脊髓損傷患者，根據不同受損的程度，會造成不同層級的官能障礙，如尿道與膀胱控制受損，會使得患者無法正常控制排尿與儲尿，在這個狀態的患者可以透過薦前神經根電刺激（sacral anterior root stimulation）來幫助膀胱排尿，會陰神經刺激（pudendal nerve stimulation）幫助膀胱儲尿，因此如何將排尿和儲尿兩種刺激功能進行整合，並透過積體電路將穿戴式裝置微小化至可植入體內之範疇，就能成為解決控制排尿與儲尿功能的一種重要技術。

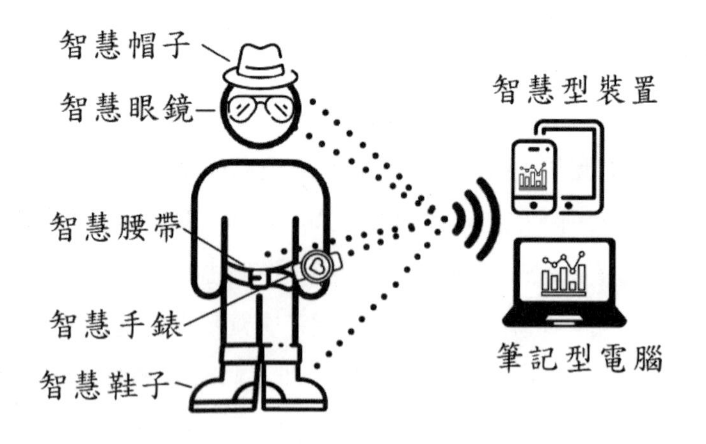

圖 1-6｜身體感測網路與體外穿戴式裝置進行生理訊號擷取

資料來源：作者繪製。

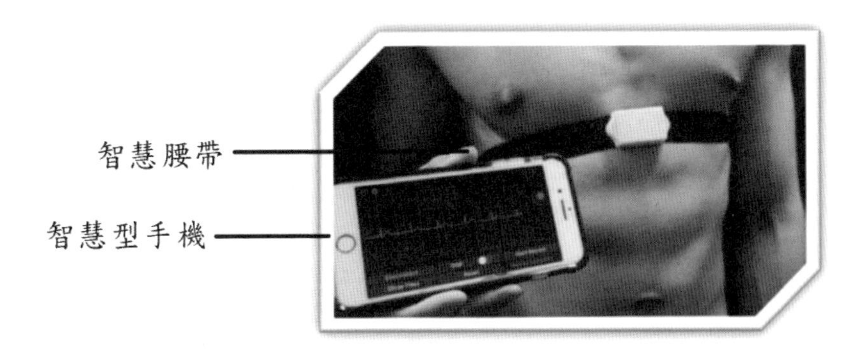

圖 1-7｜腰帶式心率擷取為例之身體感測網路情境

資料來源：作者實驗拍攝。

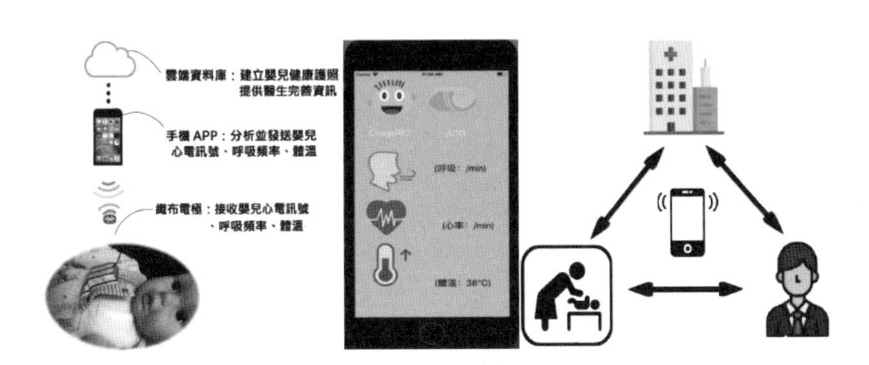

圖 1-8｜寶貝衣身體感測照顧系統

資料來源：作者實驗拍攝及繪製。

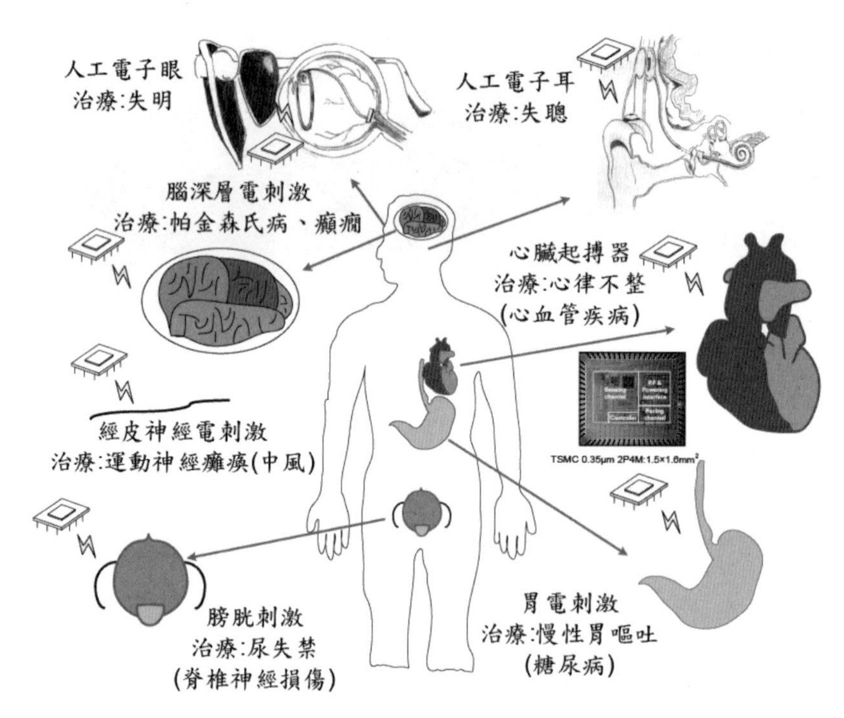

圖 1-9｜體內身體感測網路之神經調控系統情境

資料來源：作者實驗拍攝及繪製。

1.5 半導體晶片系統架構

裕鐵克身為一個從 2050 年過來的平行宇宙未來人，很想分享許多在你們的時代即將發生的事，但我還是得遵守時空秩序避免被時空警察抓走，這邊我只能分享一些軌跡和脈絡，大家就把這些當作是一些暗示吧！為了使生理感測無線傳輸系統微小至可讓用戶隨身穿戴，且可長時間提供用戶端任何時間、任何地點、可移動式之服務，讓一般人或居家長者可以在一般日常坐息時，可以藉由穿戴式裝置隨時監控到自身之生理狀況。因此該如何結合半導體產業之積體電路晶片設計技術與醫療器材產業之相關輔具設計技術，並搭配通訊產業的發展，像是 Ethernet、4G/5G/6G、Wifi、藍芽（Bluetooth）、射頻辨識系統（RFID），即成為了當代資訊及通訊科技產業大廠的發展目標，其中發展一個整合無線收發機的低功耗、長時穿戴式系統晶片更成了生物醫學、網路與電子相關領域研究的熱門課題。由於心血管疾病是十大死因榜首，這邊裕鐵克就分享一個以體外心率偵測無線傳輸接收器，以及一個體內心律調節器之晶片系統當作例子來進行介紹吧：

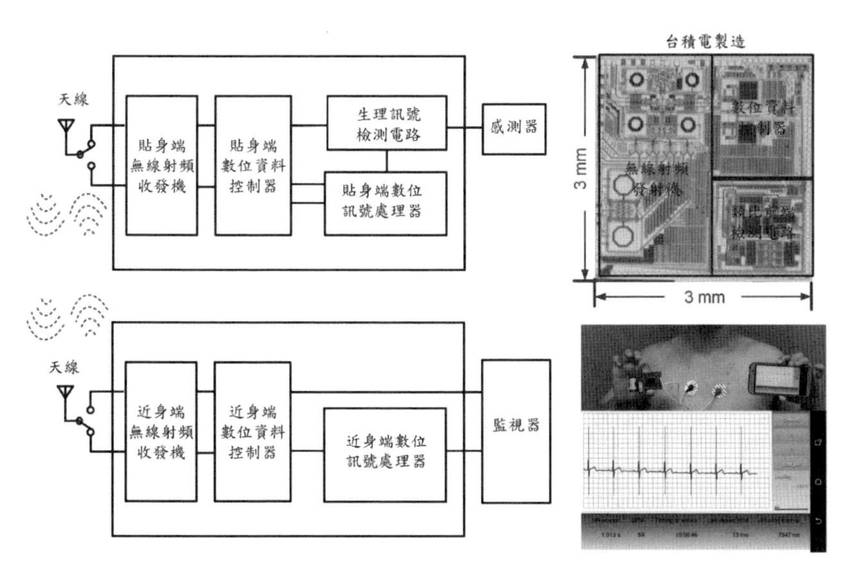

圖 1-10｜穿戴式心率偵測器晶片系統方塊與情境例子

資料來源：作者實驗拍攝及繪製。

圖 1-10 是一個體外身體感測網路所需之晶片系統方塊範例，主要包含貼身端（穿戴式裝置）與近身端（智慧型裝置）兩部分。以心率偵測無線傳輸接收器為例，貼身端主要功能是透過生理訊號檢測電路（圖 1-10 左上），來進行資料的紀錄和診斷，並提供顯示與服務（圖 1-10 左下）。此外，這個智慧型裝置也可以將原始資料或診斷資料經由網路傳輸至醫療雲端，搭配人工智慧與大數據的分析，提供醫療院所進行醫療照護。

不只可以應用在體外，體內也有相關的應用唷！像圖 1-11 就是一個體內植入式心律調節器裝置的例子，一般這種具有神經刺激之近場遙測系統，主要包含五個區塊，分別為無線訊號傳輸與接收、無線充電管理系統、控制刺激訊號的數位系統、生理訊號感應器以及刺激器，以下為大家個別說明。

無線訊號傳輸與接收功能是一個能以無線方式傳送控制訊號並接收測得的生理訊號，有些還能以無線的方式進行內部裝置充電，要實現這個部分的功能，就必須包含了資料編碼器（體外發射端）、資料解碼器（體內接收端）、發射器、調變（解調變）器，缺一不可！

而體內心律調節器系統晶片的能量主要會交由一個電路管理系統處理，它包含了整流器、電壓調節器、電荷幫浦以及電池充放電的系統，提供一個穩定的電源給內部電路與刺激器使用。

包含解調變器與系統控制器的數位訊號處理器，可以進行資料解碼與神經刺激的控制；為了監控心律訊號，系統還需要一個低電壓與低功耗之生理訊號感測器進行生理訊號處理，並將處理好的生理資訊傳送到體外進行監控。而最後刺激電路主要由脈衝產生器與資料轉換器來實現，可以進行心臟肌肉的刺激與心律的調節，湊齊以上五個區塊就能實現這樣一個近場遙控系統。

這樣講大家可能會覺得我口說無憑，懷疑我只是個嘴上功夫了得的神棍，為了證明我說的，我蒐集了例證來給大家說明吧！這邊需要透過大家熟悉的半導體製造工廠——台積電製作的晶片，如圖 1-12 左上照相圖，以心律不整偵測情況為實驗範例，檢測心電訊號（ECG），驗證當心律不整情況發生時，電路是否可以自動提供刺激電壓來使心律恢復正常。它所使用之 PCB 板如圖 1-12 右上所示，包含耦合線圈與兩組可充電型鈕扣電池。量測實驗使用白老鼠當作實驗體，示意圖如圖 1-12 左下所示，藉由射頻無線方式傳輸資料。圖 1-13 則是量測結果圖，上方是測得的老鼠心電訊號，虛線則是可程式化的臨界電壓用來偵測心跳是否規律。當心電訊號不規律現象發生如圖 1-13 上方圓圈所示，系統就會產生一刺激訊號，強度為 3.2V，時間為 0.5 ms 的脈衝訊號來供給刺激，使其心律恢復正常。這個刺激強度與時間長短均可藉由內部數位控制器程式化控制，來讓它可以適用於多種疾病刺激，或是因個體差異所造成所需刺激強度的不同。

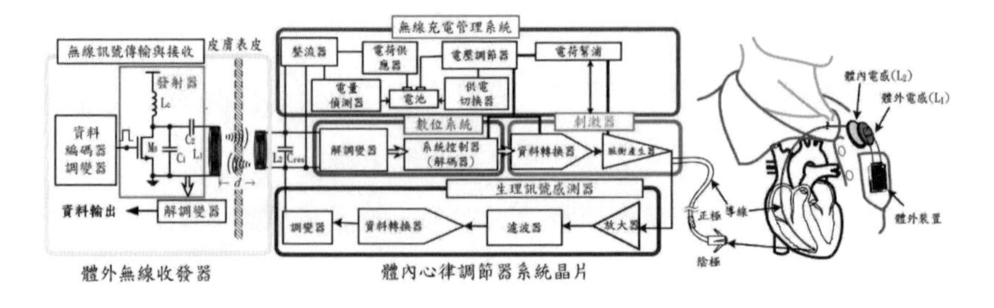

圖 1-11｜植入式心律調節器系統方塊圖

資料來源：作者繪製。

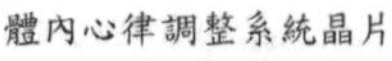
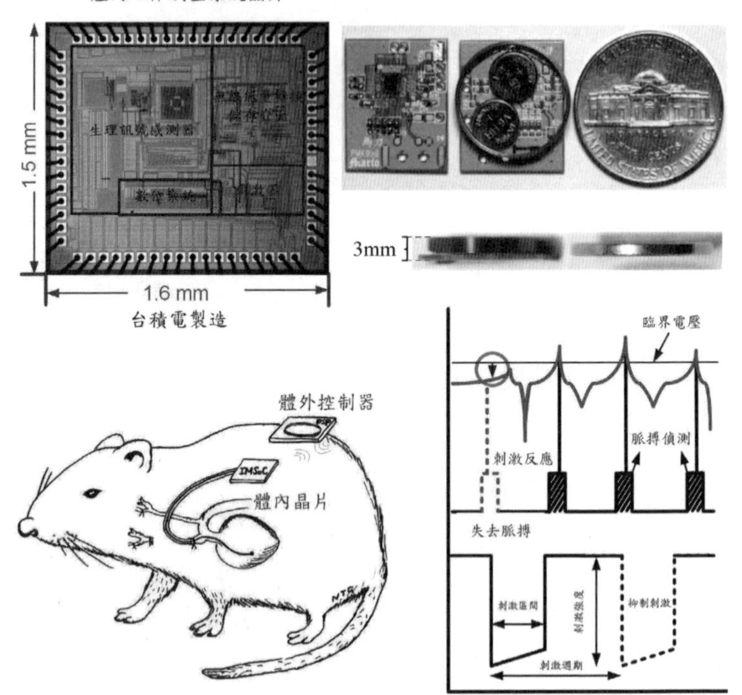

圖 1-12｜植入式心律調節器系統晶片與動物實驗情境測試圖

資料來源：作者實驗拍攝及繪製。

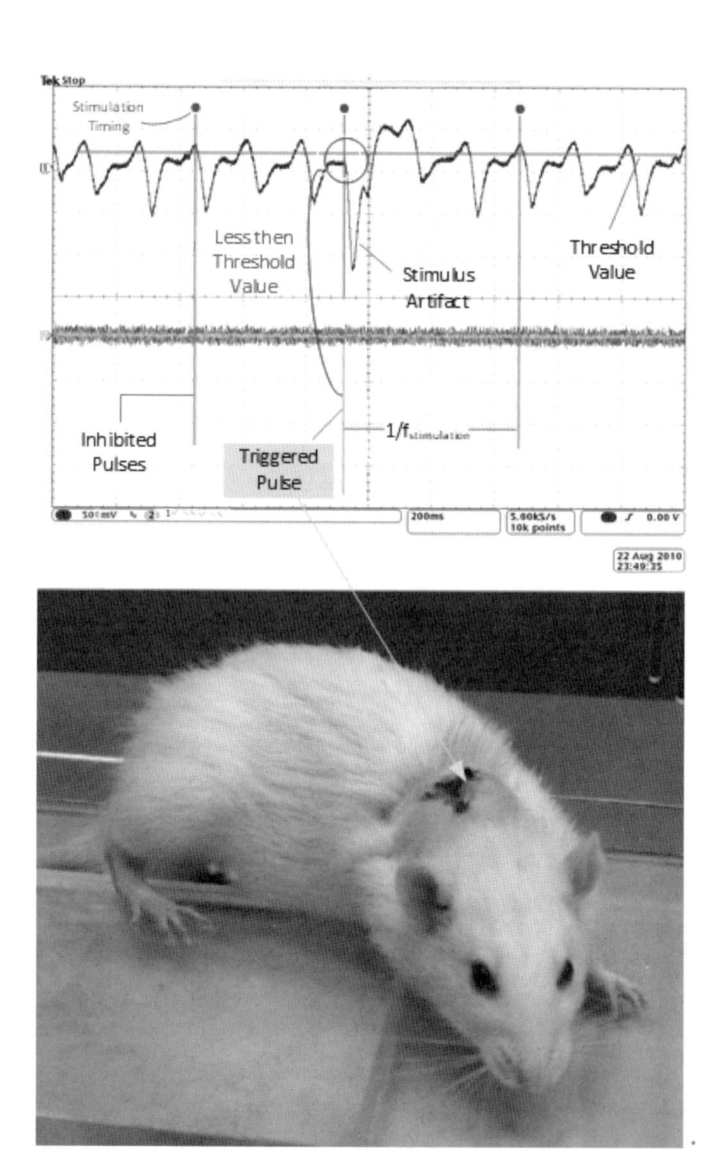

圖 1-13｜植入式心律調節器系統晶片與動物實驗實際測試結果

資料來源：作者實驗拍攝及介面。

1.6 貼身守護神夢想實現

過去成大電機系李順裕特聘教授常常和我說起他那些「不合時宜」的想法，作為一個 2050 的未來人我才會發現隨著科技不斷演進，原來他說的是幾年、幾十年後的光景。透過穿戴式裝置與身體感測網路的開發，教授心中有個名為「貼身守護神」的夢想。正如前面所介紹的各種穿戴式裝置與應用，晶片系統與物聯網整合技術，已經成為了相關應用領域的重要技術，若能搭配人工智慧的機器學習與疾病辨識，甚至能成為輔助醫師診斷的好幫手，達到預防醫學與精準醫療的目標。由於穿戴式裝置可以長時間收集資料，將資料回傳到雲端服務，便能在第一時間，將相關分析資料顯示給使用者，讓使用者以很簡單的方式，清楚知道自己身體的狀況。因此穿戴式裝置中內建生理訊號感測裝置，將會帶動醫療電子的成長，並改變人類未來的醫療行為，在這同時還可以降低政府未來在醫療照護的支出。當然，在你們身處的時代，要實現這個夢想的話就還有一些科技技術需要被克服，包含：

1. 低功耗與高解析度生理訊號擷取系統晶片技術，其中移動（Motion Artifact）與低頻雜訊的濾除是首要的目標。
2. 低功耗無線傳輸與接收系統晶片，可採用低功耗藍牙（BLE）或自行開發低功耗振幅調變（OOK）或頻率調變（FSK）傳輸系統，來增加穿戴式模組的使用時間。
3. 數位訊號處理疾病辨識系統晶片，透過人工智慧與邊緣運算（edge computing）技術，可即時提供初步訊號辨識結果，作為使用者健康照護之參考。

4. 高效能電管理系統晶片，可提供晶片系統內部不同方塊所需不同電位的電源，亦可發展為無線充電，搭配能量擷取技術，提高使用者的便利性與增加使用的長效性。
5. 「貼身守護神」晶片系統模組，主要以生理訊號檢測晶片為核心，構成貼身感測模組來偵測配戴者的生理訊號，並藉由藍芽傳輸系統將資訊無線傳輸到智慧型手機端，再由手機應用程式與雲端分析完成人工智慧疾病演算法，即時進行相關疾病的辨識，並將健康狀態呈現於手機螢幕上，完成貼身守護與照護的目標。

透過此生醫檢測晶片及相關軟硬體之結合應用，便可隨時隨地監測與關注使用者之生理狀況，並成為使用者的「貼身守護神」，其核心技術將包含智慧晶片系統（Artificial Intelligent System of Chip, AISoC）與智慧聯網（Artificial Internet of Thing, AIoT）技術，透過平台的建置與不同穿戴裝置的搭載，便可完成各式「貼身守護神」的裝置。其應用範圍如圖 1-14。包含長照中心之年長者、居家生活之慢性病患、工作場所之忙碌工作者與偏鄉地區的居民，因此，透過「具人工智慧之穿戴式物聯網晶片系統與平台」將可實現「醫電園」目標。後續章節將針對醫療市場、穿戴市場、教育市場介紹相關產品範例，並介紹「智慧穿戴式物聯網之無線生醫晶片系統開發模組」（試穿戴）原理與實作，讓學生與創客可透過「試穿戴」（TriAnswer）模組，輕易實現創新與創意構想。

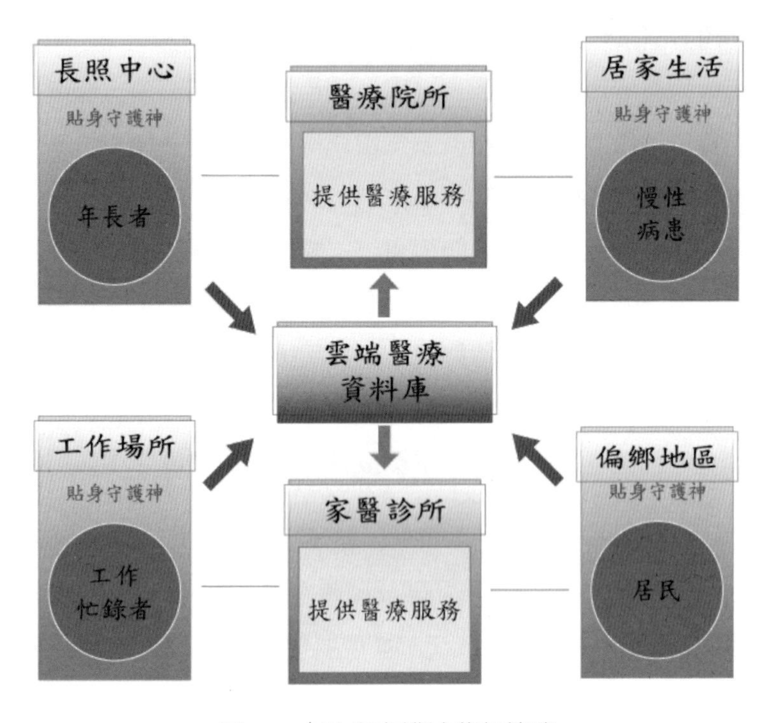

圖 1-14｜貼身守護神夢想情境

資料來源：作者繪製。

CHAPTER 2

貼身守護神產品系列

雖然裕鐵克在前一章節的最後，提到了幾項尚需克服的技術，但實際上教授也已在築夢踏實的路上，他的貼身守護神——具人工智慧之穿戴式物聯網晶片系統與平台的那一部分，已經有了第一代，相較於市面上其他相似系統常以現有模組為基礎整合，能提供更小整合體積與更低耗電量的運作使用，因此能為輕便且長久的健康檢測與監控設備進行前置開發。不只這樣哦！這個平台還可以透過藍牙與智慧型裝置（如手機）傳輸，完成（1）生理訊號處理、（2）人工智慧分析、（3）人機介面顯示、（4）醫學資訊紀錄，透過手機 APP 可以和醫療雲端聯繫，進行大數據的分析，就可以即時顯示健康狀況。

在「貼身守護神——具人工智慧之穿戴式物聯網晶片系統與平台」的基礎下，有創客精神的大家就能激發創意，輕易地實現許多穿戴式裝置的概念了。這邊和大家介紹七項教授他和我分享過的產品雛形提供創客參考，包含 24 小時無線心律偵測器（YuGurad：貼心片）、智慧聽診器（YuSound：貼心音）、無線尿液檢測系統與平台（YuRine：尿檢譯）、智慧心律衣（YuCloth：貼心衣）、寵物心律衣（YuPet：寵心衣）、運動心律帶（YuBelt：貼心帶）、智慧穿戴式物聯網之無線生醫晶片系統開發模組（TriAnswer：試穿戴）。他對這七項產品有不同市場期待，包含醫療市場（YuGuard、YuSound、YuRine）、穿戴市場（YuCloth、YuPet、YuBelt）、教育市場（TriAsnwer），且能更進一步應用於工業市場（工廠檢測設備與轉譯系統〔YuCBM：檢備譯〕），這邊所介紹之穿戴式裝置，具有輕薄短小（手錶大小）、軟體顯示通知（APP）、人工智慧分析、雲端疾病辨識，於身體發生狀況時提醒使用者、家人、醫院，提供使用者「貼身守護」。透過**「貼身守護神」**系列產品將可實現教授心中帶給民眾一個理想**「醫電園」**的夢想呢！下面就讓裕鐵克我來分享各個創意的特色吧！

2.1 24小時無線心律偵測器（YuGurad：貼心片）

「24 小時無線心律偵測器」（圖 2-1）是一個即時檢測人體心電訊號（Electrocardiogram, ECG）之感測系統，透過生理檢測晶片的核心技術，構成貼身感測模組來偵測配戴者的心電訊號，並藉由藍芽傳輸系統將資訊無線傳輸到智慧型手機端，再由手機應用程式完成後續的分析與計算，並將主要結果呈現於手機螢幕上。透過此生醫檢測晶片及相關軟硬體之結合應用，便可隨時隨地監測與關注使用者之生理狀況，並成為使用者的貼身守護神。即時偵測、便於攜帶、易於使用是這個系統的特色。

2.2 智慧聽診器（YuSound：貼心音）

心血管疾病與瓣膜疾病一直都造成人們健康的危害，透過心電訊號可以用來檢測心律不整，而心音檢測則可以用來評估心臟瓣膜狀況，結合兩種訊號並同步分析，可以幫助醫生聽診更加迅速，也讓醫學生在學習聽診時，更快上手。為了協助醫師能更迅速且準確地診斷，以及幫助醫學院學生在聽診經驗之養成與學習上有更可靠的依據，「智慧聽診器」（如圖 2-2）可提供醫師學習與健檢照護的

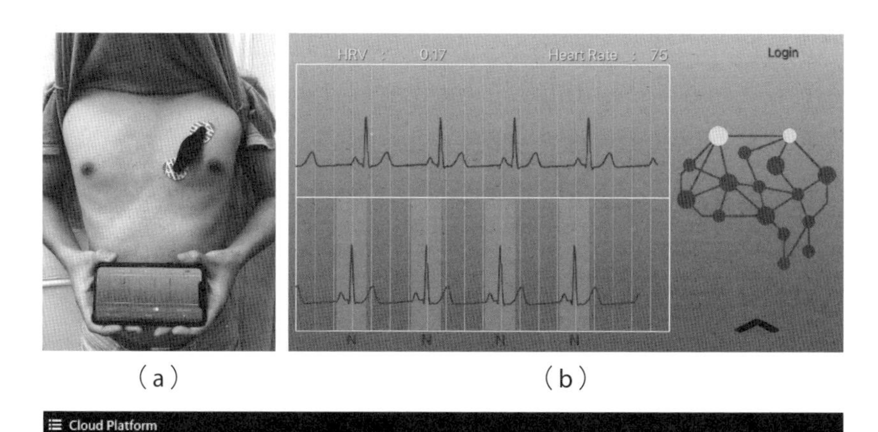

（a）　　　　　　（b）

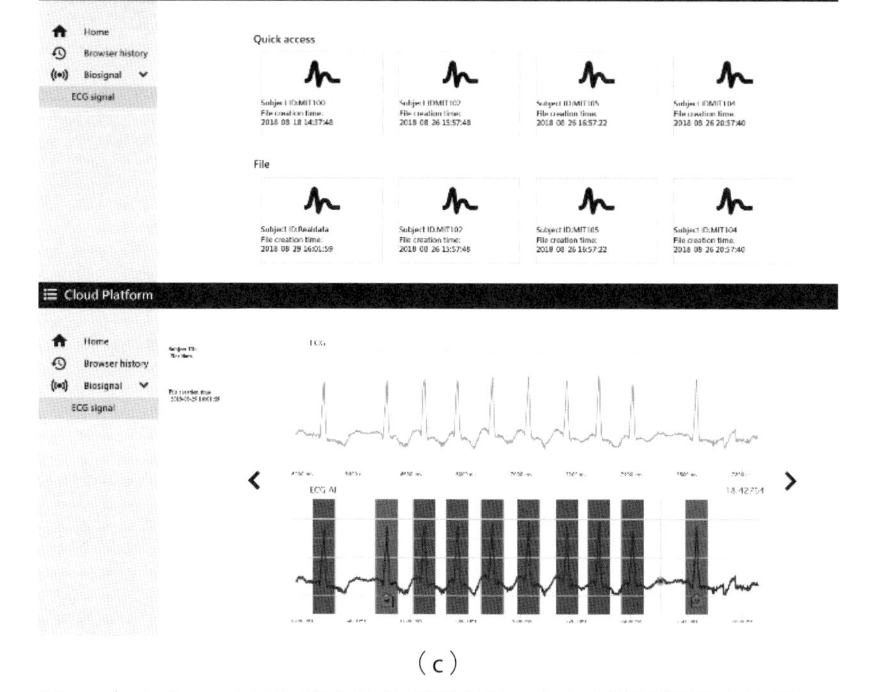

（c）

圖 2-1｜（a）24 小時無線心律偵測器構想、（b）手機顯示平台範例、（c）雲端人工智慧辨識分析平台

資料來源：作者實驗拍攝及介面。

輔具，此裝置具備同時量測心音訊號與心電訊號之能力，並將訊號視覺化呈現於智慧型手機上，進而確認心音訊號的狀態。倘若有異常情形出現，傳統上只能完全仰賴醫生之經驗，但利用此「智慧聽診器」能夠視覺化紀錄之優勢，醫師可即能藉由訊號結果來判斷可能的心臟疾病。倘若病患於診斷期間有心律不整之情形發生，如心室頻脈，也能藉此驗證生理學檢查上所可能衍生的異常心音表現。

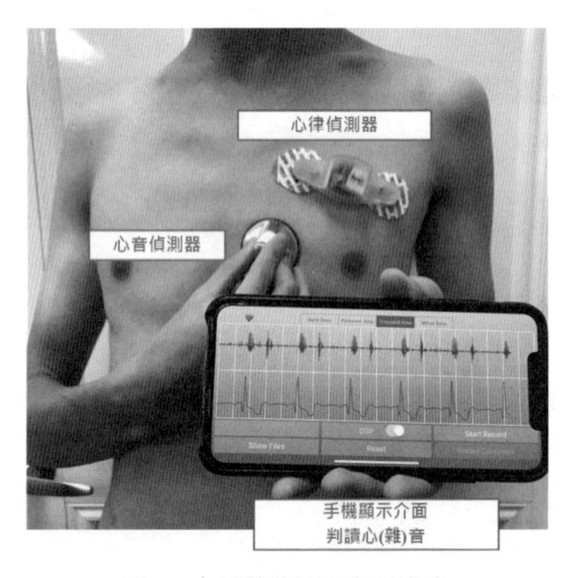

圖 2-2｜智慧聽診器實測情境

資料來源：作者實驗拍攝。

2.3 無線尿液檢測系統與平台（YuRine：尿檢譯）

在當代心血管相關疾病持續占據全球死因之首，且維持在人民死因的前三名，顯示這是一個世界各國尚未找到有效預防方法的棘手疾病，由於這是一個致死率相當高的疾病，如何早期發現疾病便成為相當重要的課題。若能建構一套應用於居家照護／社區篩檢的「無線尿液檢測系統與平台」（圖 2-3），可方便且快速監控心血管的健康狀況，預防心血管病症及其併發症發生。此系統需透過整合系統晶片、微電極晶片感測尿液中多項心血管疾病相關危險因子的濃度，如尿白蛋白與肌酸酐的比例（Urine Albumin-to-Creatinine Ratio, UACR）可提供評估腎臟功能的參考，並將資料無線傳輸到平台，結合臨床醫學的研究成果評估心血管疾病的風險，由合作的醫療機構人員透過平台給予使用者專業的醫療建議，即可達到預防診斷與居家照護的效果。

 2.4 智慧心律衣（YuCloth：貼心衣）

在高齡化社會的時代，結合穿戴式系統與物聯網概念建構成穿戴照護系統，為一極具市場潛力的發展方向。而在穿戴照護應用中，智慧衣占有許多先天上的優勢。首先，與大部分穿戴物品如手錶、皮帶等不同，衣物是日常生活中必需品，所以這樣的穿戴式裝置較能被一般人所接受。同時，衣物與人體有著較大面積的接觸，能提供較多種類之生理訊號量測，有效發揮穿戴式系統的潛能。因此，透過電子檢測與紡織衣物的結合，可發展「智慧衣」系統（圖 2-4）。此系統需使用高舒適度的紡織電極來提供心電訊號與呼吸訊號的量測，並透過藍牙將訊號傳送至手機，最後進行身體相關資訊分析像是卡路里消耗、心跳變異率等，並可進一步進行情緒分析。

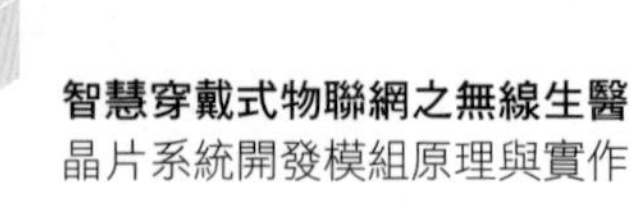

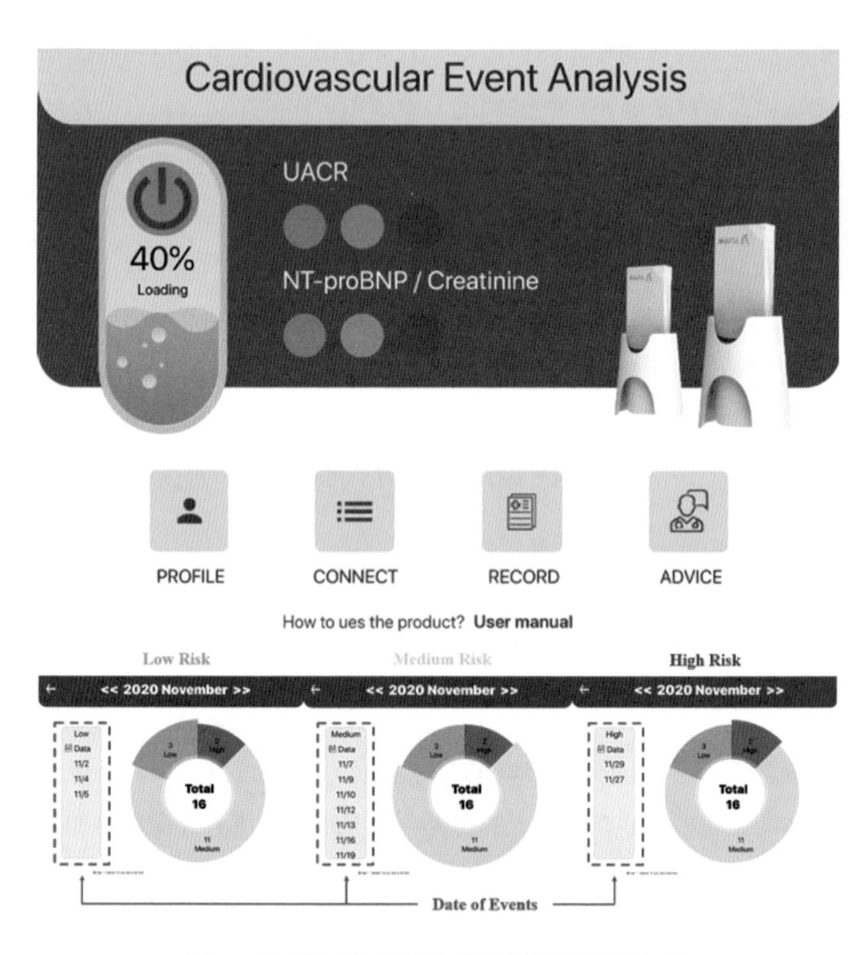

圖 2-3｜可攜式無線尿液檢測裝置與手機介面

資料來源：實驗介面。

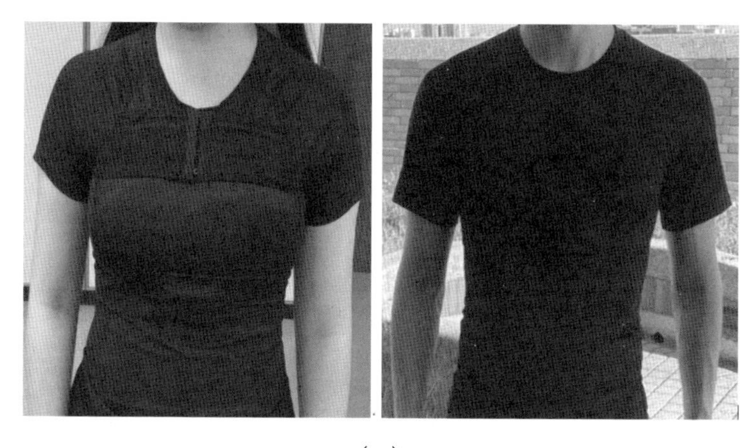

（a）

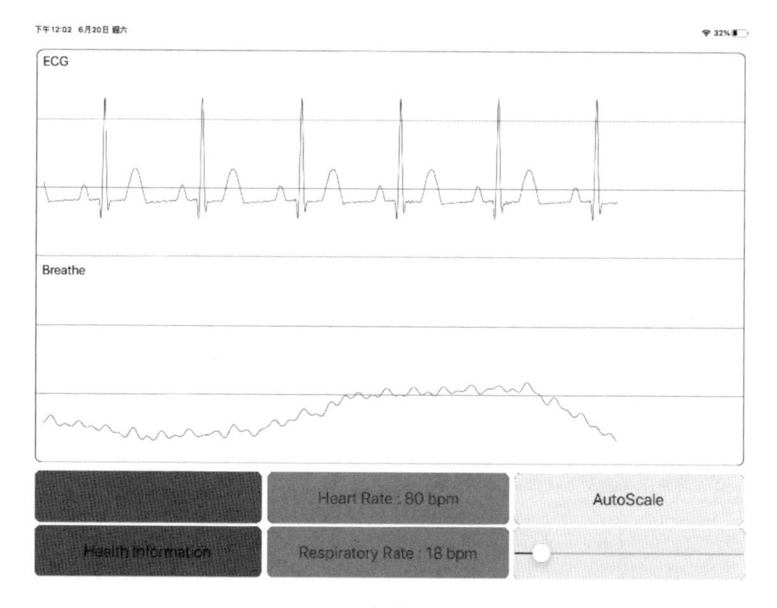

（b）

圖 2-4｜（a）智慧衣物與人體實測情境、
（b）心律檢測（上）與呼吸（下）偵測結果

資料來源：作者實驗拍攝及介面。

 2.5 寵物心律衣（YuPet：寵心衣）

「寵心衣」之設計，可結合動物衣與感測器，建立一無線生理訊號感測系統（圖 2-5），利用前端偵測器偵測寵物心電訊號（ECG）以及呼吸訊號，並透過演算法將其轉為情緒、心跳變異率（HRV）等多項資訊，提供給寵物主人以及獸醫在動物醫療方面的參考；而情緒指標，更能讓飼主進一步了解寵物的心理狀態。此設計主要採用穿戴式及物聯網的概念，並搭配完整軟體平台，可以讓使用者藉由網頁（web）或應用程式（APP）平台，讓飼主即時掌握寵物之生理資訊，同時也將資料儲存於雲端資料庫中，可瀏覽寵物之歷史生理狀態，更可以透過這樣的訊息平台，與獸醫交流，進一步地關心寵物的健康狀況。此系統不僅僅只運用在寵物醫療方面，更可以與其他愛寵人士建立互相交流的平台。

圖 2-5｜（a）智慧衣物與寵物實測情境、（b）手機顯示平台

資料來源：作者實驗拍攝及介面。

2.6 運動心律帶（YuBelt：貼心帶）

「貼心帶」之設計，結合乾電極與感測器，可建立一無線生理訊號感測系統（圖 2-6），利用前端偵測器偵測心電訊號（ECG），並透過人工智慧（AI）演算法將其轉為情緒、體能消耗等多項資訊，提供給使用者照護與運動方面上的參考。此設計應用穿戴式、物聯網及人工智慧的概念，並搭配完整軟體平台，可以讓使用者藉由 web 或 APP 平台，隨時了解個人的生理資訊，同時也將資料儲存於雲端資料庫中，可瀏覽個人之歷史生理狀態，更可以透過這樣的訊息平台，與醫生交流，進一步地關心使用者的健康狀況。

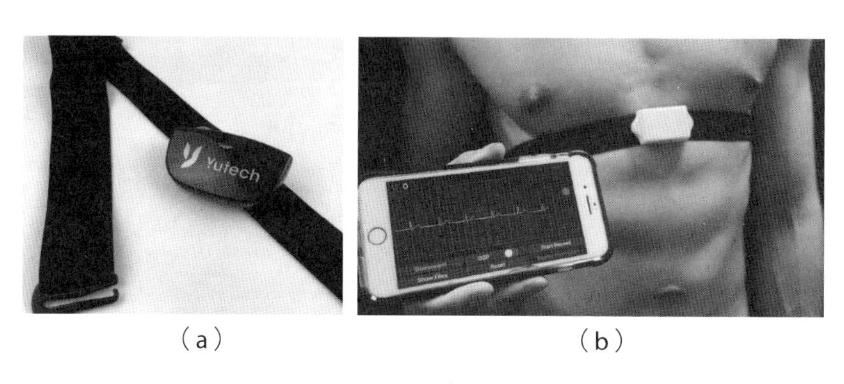

（a）　（b）

圖 2-6｜（a）運動心律帶、（b）實測情境與手機顯示平台

資料來源：作者實驗拍攝。

2.7 智慧穿戴式物聯網之無線生醫晶片系統開發模組（TriAnswer：試穿戴）

而在最後，也是最重要的就是這個開發模組。簡單來說它是一個為了開發智慧物聯網而生的系統，上面的其他六項產品雛型就是透過這個模組來實作開發的。模組主要的內容包含三個部分：智慧型裝置 App、核心本體以及擴充套件。雖然說得簡單，但其實會這樣安排背後是有原因的。首先，智慧型裝置 App 主要是需要一個具有人工智慧邊緣運算處理功能的輔助裝置，來分擔物聯網裝置不足的算力；而核心本體主要是一個具有可編程、運算功能與人工智慧溝通的處理單元，並具備多個用來和擴充套件插接的擴接介面；最後擴充套件主要是多種不同生理訊號的感測器，能將擷取到的生理訊號透過核心本體，傳送至智慧型裝置 App 上進行分析。這三者之間除了生理訊號的傳遞之外，也能將智慧型裝置的控制訊號反饋給核心本體和擴充套件來進行人工智慧溝通，這是不是像極了愛情與親情的溝通了呀？

總結來說，這個開發模組具有以下幾點特色：（1）包含核心母板與感測子板，小巧便攜。（2）具備多種生理訊號感測能力。（3）高解析度生理訊號擷取，利於後端分析。（4）使用者能自由選擇子板進行組裝。（5）使用者介面簡潔且容易使用。圖 2-7 就是這個裝置與實際使用的情境照片。後續也會針對這個開發模組的使用，透過有趣的實驗方式和大家介紹，讓可能是學生或創客的大家了解整個硬體平台、韌體設計、軟體服務的相關技術，以及貼身守護神產品系列的製作原理唷。

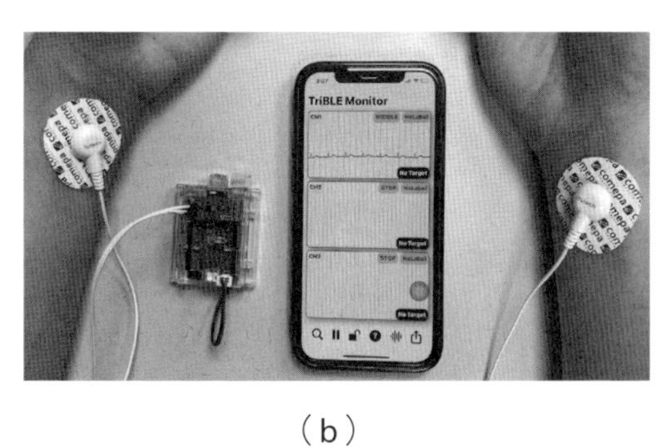

（a）　　　　　　　　　（b）

圖 2-7｜（a）智慧穿戴式物聯網之無線生醫晶片系統開發模組、（b）實際使用情境

資料來源：作者實驗拍攝。

CHAPTER 3

實驗課（一）你真的累了嗎？心電訊號疲勞分析系統原理與實作

3.0 前導篇：你根本不懂我的心！心電訊號基本介紹

你知道嗎？人類的每一下心臟跳動的過程都是一連串神經放電的動作，這些電甚至會透過神經傳導從心臟、胸口蔓延，釋放到我們的雙手雙腳，如圖 3-1 中這樣的波形，醫生們稱它為心電圖（Electrocardiography, ECG），蒐集這些訊號就能對你的心臟狀況有更進一步的了解，也才能做出最適當的診療。而在心臟收縮把血液打入全身的瞬間，會產生一個較大的電訊號，就像圖 3-1 中的 R 波這樣，計算一段時間內的 R 波有幾根，就能夠推算心跳速率了。

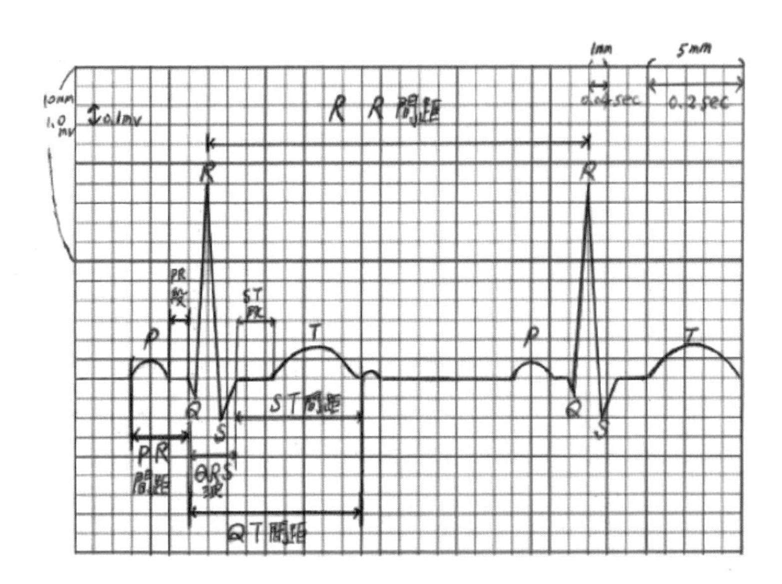

圖 3-1｜心電訊號示意圖與診斷參考參數

資料來源：成大醫院醫師繪製提供。

除了看心跳速率，大家有注意到圖中上方醫師標記兩個 R 波之間的「R-R 間距」嗎？這個數據可是和心跳速率同等重要的指標唷！大家可以想像兩個人不同情境，一個人 R-R 間距長度一直忽大忽小，而另外一個人長度很固定，就能去推測一個人的心臟是忽快忽慢還是穩定跳動了對吧！而這個的數據就能用在很多的分析之中，像是在後面的章節我們會教大家如何分析疲勞程度。更詳細的說明這邊裕鐵克就先賣個關子，留到後面給大家慢慢咀嚼吧！

3.1 首先該從哪開始好呢？TriAnswer 基本操作教學

TriAnswer 是一個包含藍牙功能與微控制器的生理訊號感測模組，可以將你的生理訊號傳到手機呈現。接下來就讓我們按照下面的步驟，一起看看自己的 ECG 究竟長什麼樣子吧！

1. 將 TriAnswer 上電開機：

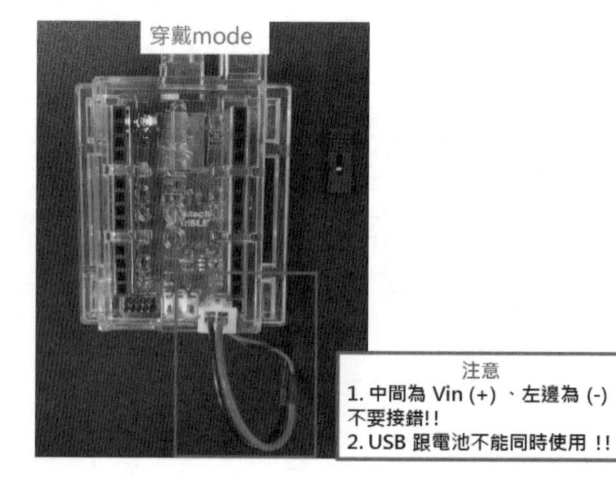

2. 將 ECG 的模組插上 TriAnswer：

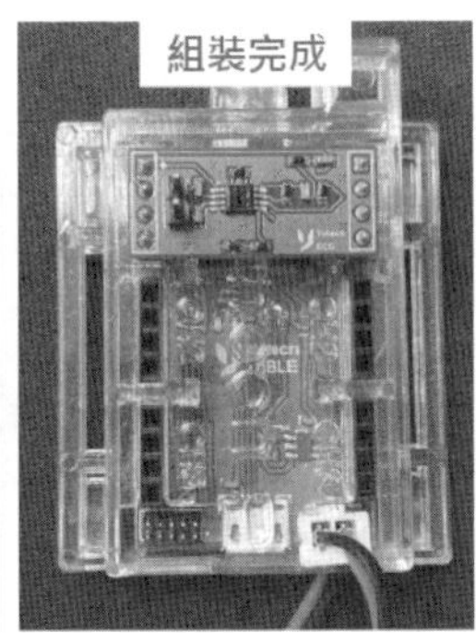

3. 手機安裝 Tri_BLE 的 APP 來觀察訊號

iOS 連結
（https://apps.apple.com/tw/
app/trible/id1532572637）

Andriod 連結
（https://github.com/YuTecHealth/
TriAnswer-SCR-APP/raw/main/）

4. 開啟 APP，點擊藍牙連結功能，連上自己編號的 TriAnswer

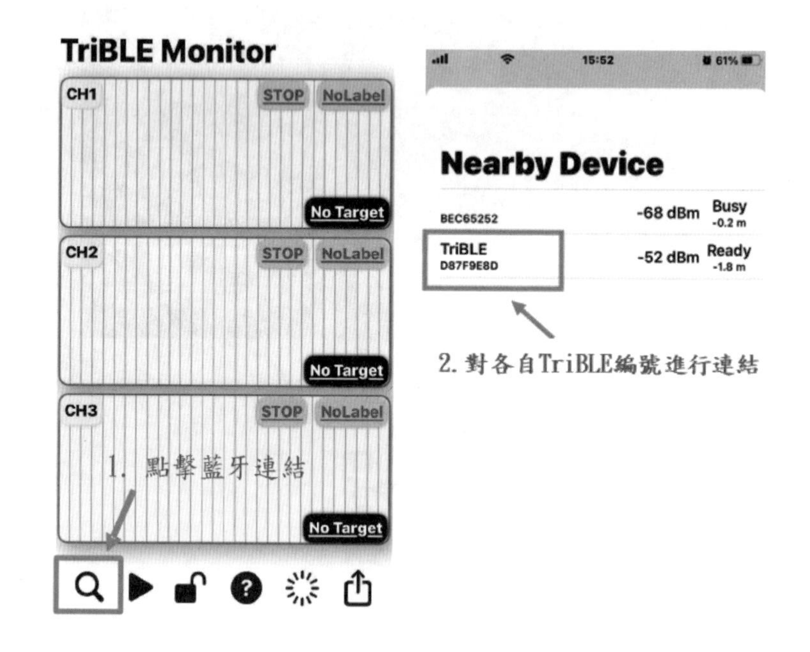

5. 觀察 ECG 模組上的 Vin+和 Vin-

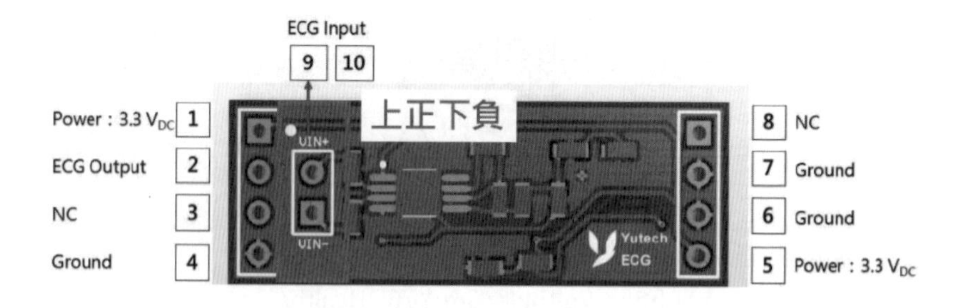

6. 先點擊第一個視窗的 Stop 按鈕，切換速度為 Middle。

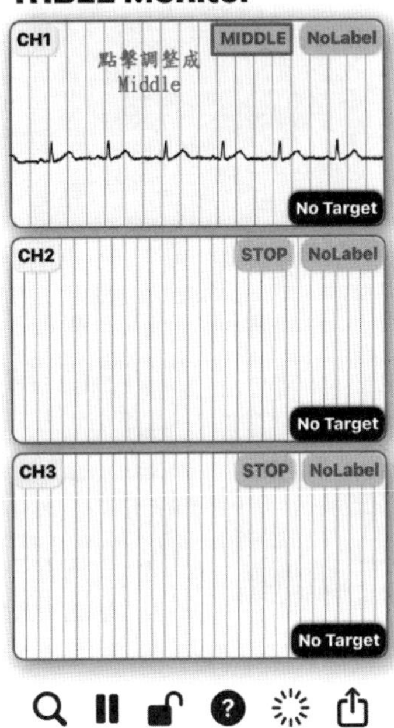

7. （1）將電線鈕扣端扣上電極。（2）接線端任意插上 Vin+、Vin-。（3）電極撕開貼紙貼到雙手手腕。等待約 5 秒讓訊號偵測趨於穩定並觀察訊號。（4）若波形顛倒，請交換 TriAnswer 上的插線。

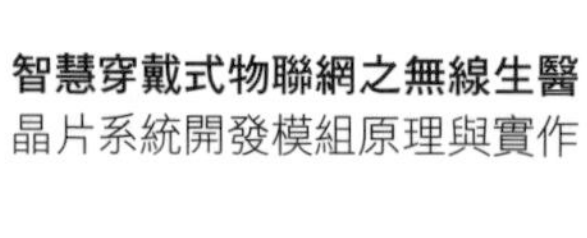

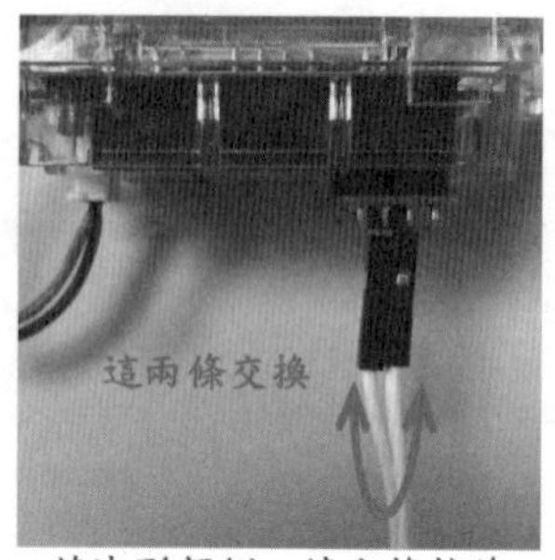

若波形顛倒，請交換接線

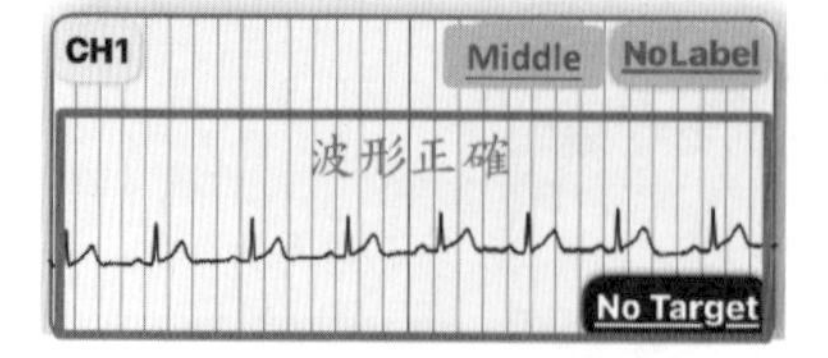

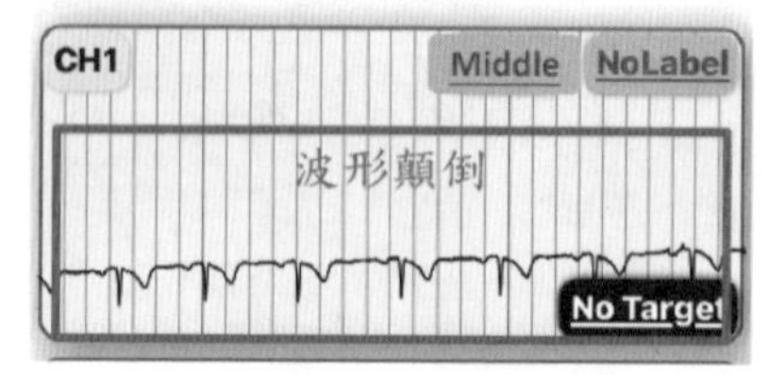

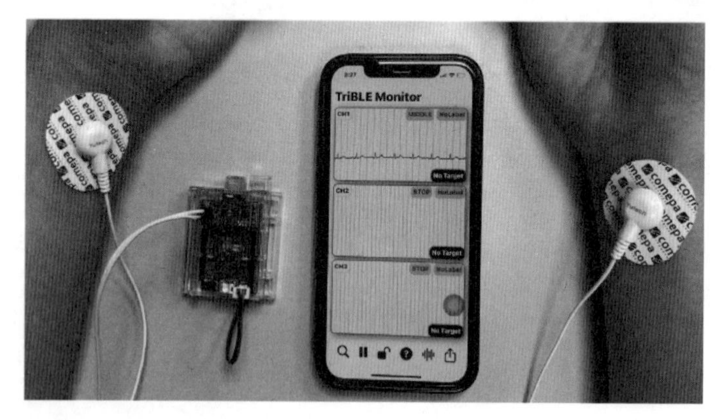

找尋最佳訊號：

方法（1）儀器放在桌面極有可能影響訊號，觀察訊號，小心將 TriAnswer 移開桌面（如座位或腿上）。

方法（2）根據圖 3-2 練習其他兩種貼法，電訊號強度因人而異，找到自己訊號幅度最大的觀察位置，記得等待約 5 秒左右讓訊號偵測穩定。

甲、維持右手貼片，將左手貼片改貼到左腳內側腳踝骨頭、觀察訊號。

乙、維持左腳貼片，將右手貼片改貼到左手手腕、觀察訊號。

丙、選擇訊號幅度最大的位置。

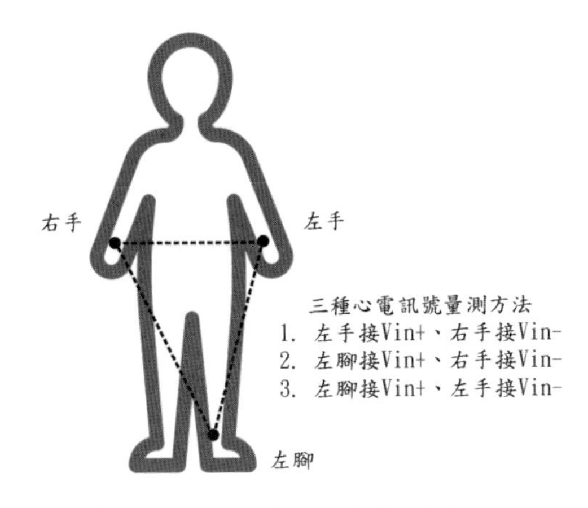

圖 3-2｜三種心電訊號量測之電極放置方法

資料來源：作者繪製。

8. 波形穩定後按下紀錄按鈕，每一個波峰即是一下心跳，目測紀錄約略 15 下後再次按下紀錄按鈕停止紀錄（想要重新紀錄，可直接再點擊一次紀錄按鈕即可，同時留意上一筆紀錄會被洗掉）。圖 3-3 即是波形還未穩定，請不要進行紀錄，有可能影響後續分析課程成果。

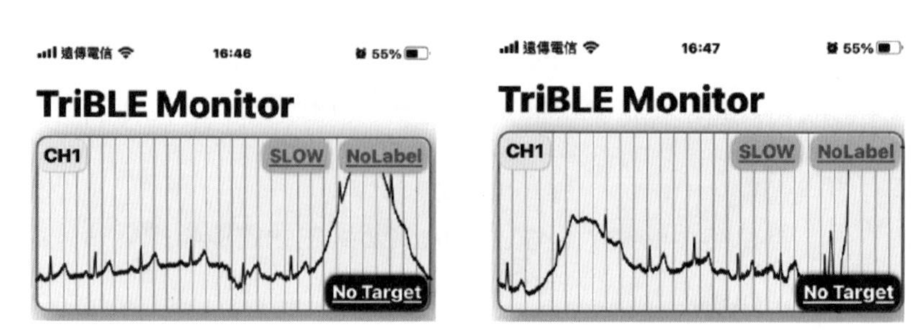

圖 3-3｜波形尚未穩定之量測示範

資料來源：實驗介面。

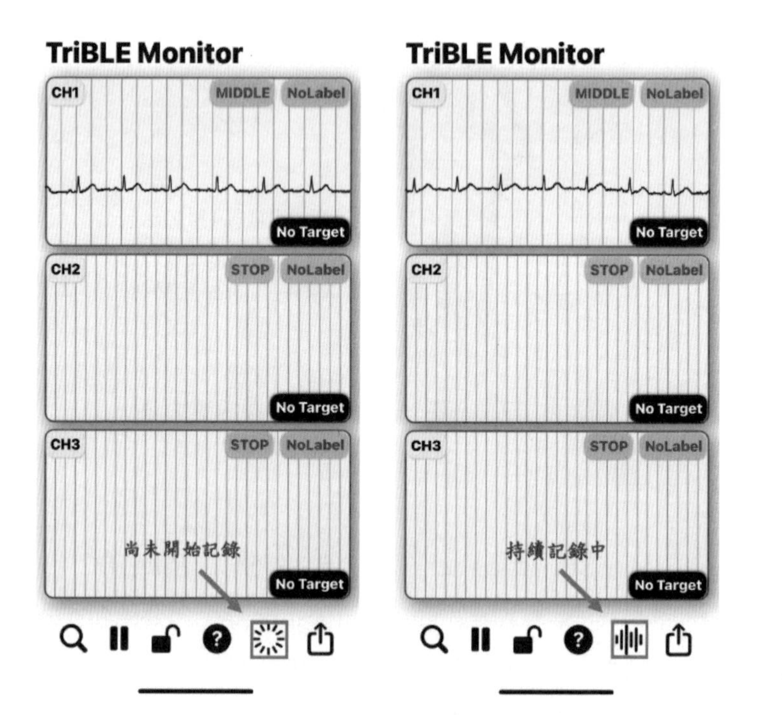

圖 3-4｜紀錄按鈕開始前與開始後的示意圖

資料來源：實驗介面。

9. 將紀錄檔案上傳到 Google 雲端來進行後續分析課程。

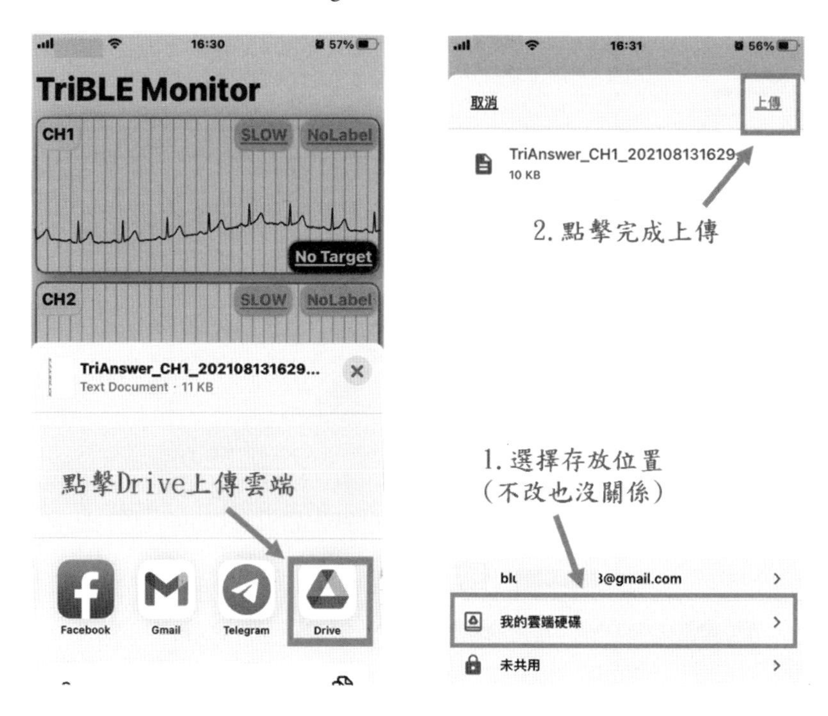

3.2 看哪！這裡有一串心電訊號呀！心電訊號基本處理

Python 程式實作單元

1. 登入到自己的 Google drive，下載上個單元錄製約 15 下心跳的心電訊號，進入連結：https://drive.google.com/drive/u/0/my-drive

雲端硬碟
在雲端硬碟中搜尋
新增
我的雲端硬碟
電腦
與我共用
近期存取
已加星號
垃圾桶
儲存空間
目前使用量：17.89 GB (儲存空間配額：100 GB)
購買儲存空間

名稱	擁有者	上次修改時間	檔案大小
	我	2021年8月19日 我	17 KB
TriAnswer_CH1_20210818111304_Middle(...	我	2021年8月18日 我	1.2 MB
TriAnswer_CH1_20210813154654_Slow(3...	我	2021年8月13日 我	26 KB
	我	2021年8月13日 我	28 KB
	我	2021年8月13日 我	80 KB
	我	2021年8月13日 我	16 KB
	我	2021年8月9日 我	26 個位元組
	我	2021年8月9日 我	19 個位元組
	我	2017年4月20日 我	500 KB

2. Google 搜尋輸入 Colab，點擊 Google Colab 網站點擊右上「登入」

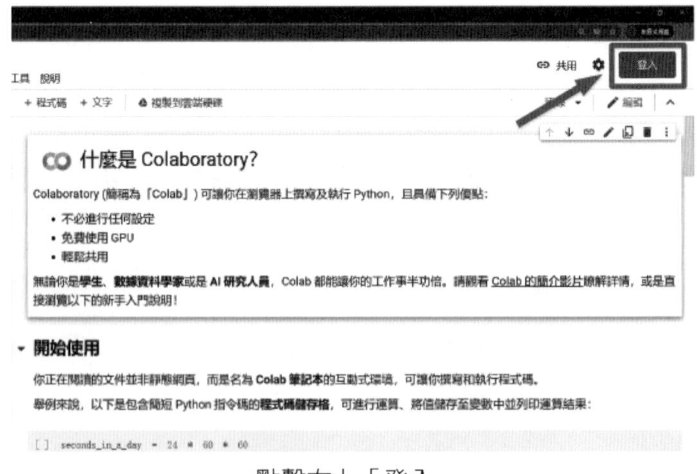

點擊右上「登入」

3. 點選「檔案」、選擇「開啟筆記本」

   切換到「上傳」選單

   點選「選擇檔案」

   選擇資料夾中的「疲勞分析系統單元（二）.ipynb」

   完成檔案開啟。

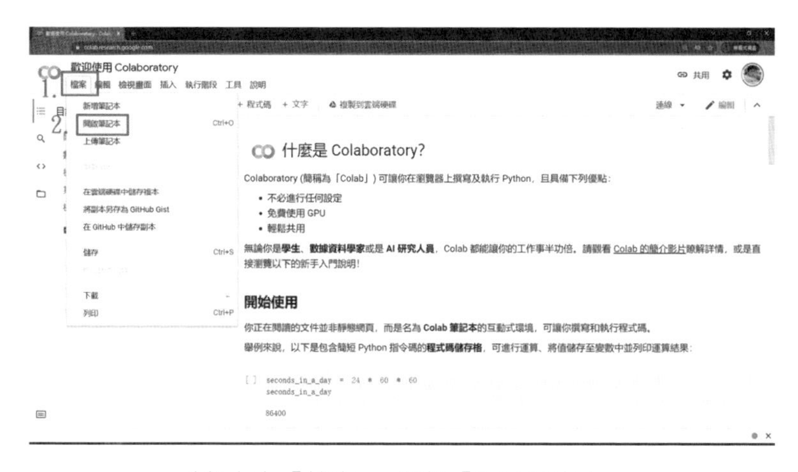

點擊左上「檔案」、選擇「開啟記事本」

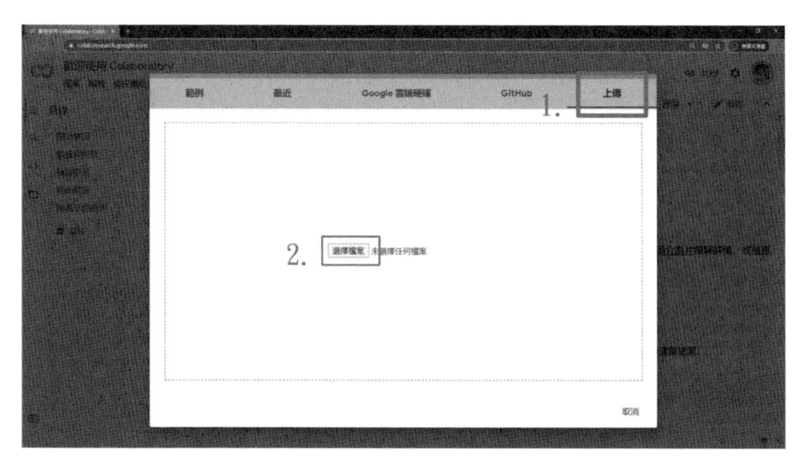

切換到「上傳」選單、點選「選擇檔案」

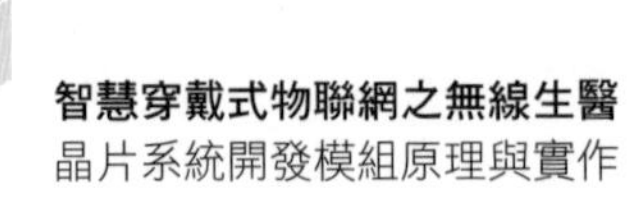

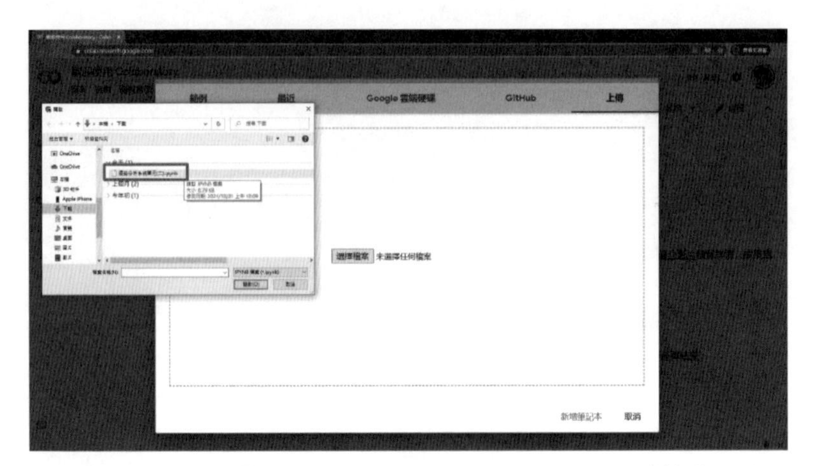

選擇資料夾中的「疲勞分析系統單元(二).ipynb」、完成檔案開啟

4. 登入 Google，點擊段落程式左上的播放鍵，確認執行即可執行片段程式！跟著筆記本裡的內容，接著完成課程吧！

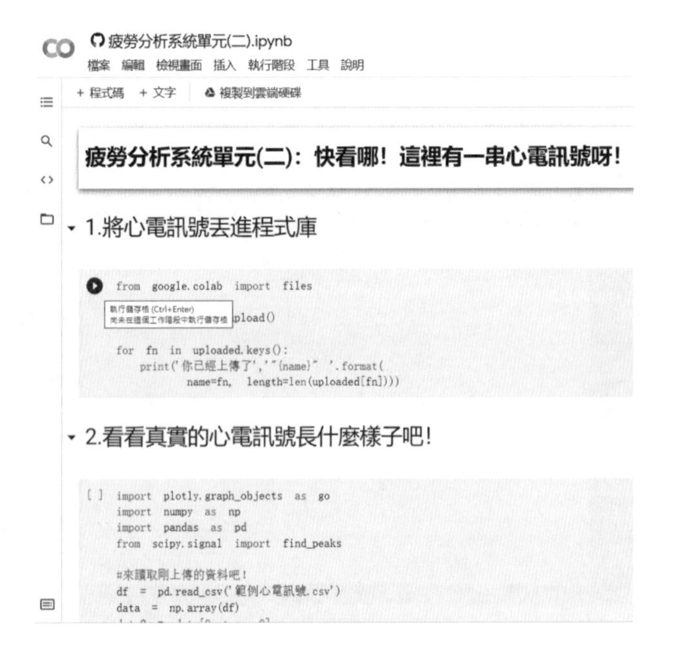

5. 跟著步驟取得錄製好的心電訊號後，就能透過程式秀出心電訊號波形圖

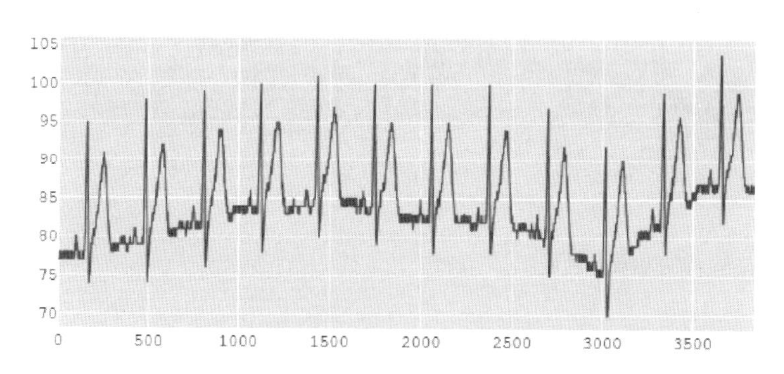

6. 而在這個單元裡，我們希望透過心電訊號算出心跳速率是多少的話，最簡單的方式就是抓到心跳波峰，再去計算每分鐘的心跳速率。抓波峰的方式有很多種，可以透過微分、高度或是斜率，裕鐵克這邊帶大家採用一個十分方便的函式叫做「find_peaks」。這個函式只要設定好「Height」和「Distance」就能運作，如圖 3-5 所示，「Height」設定主要是在訊號中切一刀，要在這個值以上才能成為波峰；「Distance」則是設定「兩個波峰間最短距離限制」，在心跳速率的狀況下，這個距離就是時間長度，預期正常人的心跳不會超過 120 下／分鐘的話，也就是每 2 下／秒，那麼兩個波峰之間的最短距離時間限制就會設定在 0.5 秒囉！

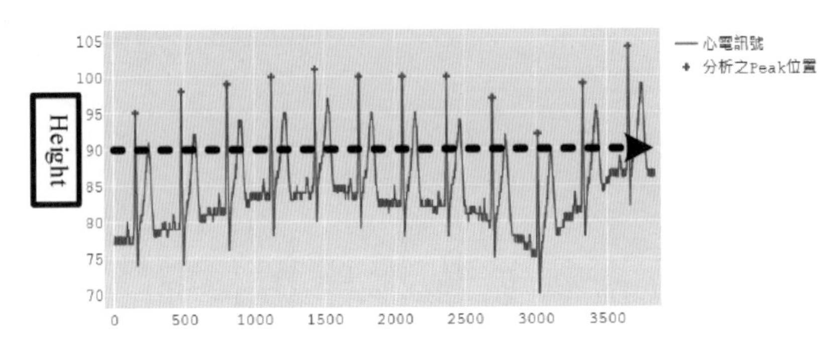

範例心電訊號與波峰偵測

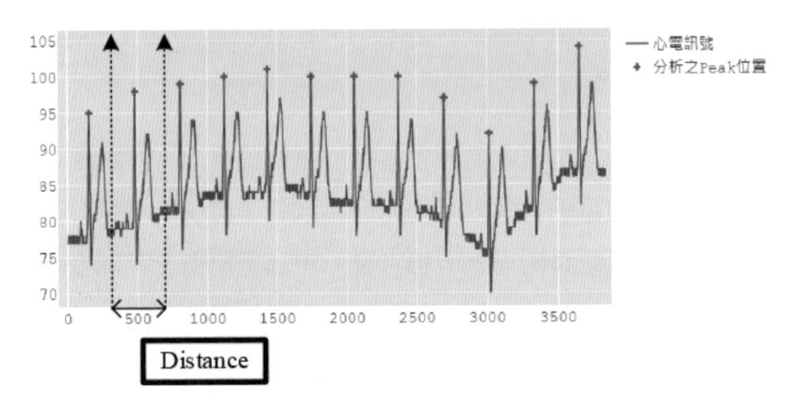

圖 3-5｜find_peaks 函式的參數說明

資料來源：實驗介面。

取得了正確的波峰位置後，再來我想對大家來說就非常簡單了對吧！只要計算出每個波峰之間的距離，回推秒數，就能得知自己在量測的這段時間的心跳速率了。哦對了！要提醒大家的是，我們前面量測的時候是不是選了「Middle」呢？選這個量測速度代表每

0.002 秒就會紀錄一個資料點。在範例程式中有提供一組計算方式，但其實只要知道原理，你也可以使用不同的邏輯來算出心跳速率。

量測自己的心電訊號後，看看你的心律表現如何呢！在表 3-1 中紀錄下來吧！

表 3-1｜完成成果：心跳間隔與心跳速率

量測次數	項目	數值	單位
1	每個心跳的時間平均間隔		秒
	心跳速率		下／分鐘
2	每個心跳的時間平均間隔		秒
	心跳速率		下／分鐘
3	每個心跳的時間平均間隔		秒
	心跳速率		下／分鐘
4	每個心跳的時間平均間隔		秒
	心跳速率		下／分鐘
5	每個心跳的時間平均間隔		秒
	心跳速率		下／分鐘
6	每個心跳的時間平均間隔		秒
	心跳速率		下／分鐘
7	每個心跳的時間平均間隔		秒
	心跳速率		下／分鐘
8	每個心跳的時間平均間隔		秒
	心跳速率		下／分鐘

9	每個心跳的時間平均間隔		秒
	心跳速率		下／分鐘
10	每個心跳的時間平均間隔		秒
	心跳速率		下／分鐘
11	每個心跳的時間平均間隔		秒
	心跳速率		下／分鐘
12	每個心跳的時間平均間隔		秒
	心跳速率		下／分鐘
13	每個心跳的時間平均間隔		秒
	心跳速率		下／分鐘
14	每個心跳的時間平均間隔		秒
	心跳速率		下／分鐘
15	每個心跳的時間平均間隔		秒
	心跳速率		下／分鐘

3.3 你的心跳乖不乖？心律變異率基本分析

你知道嗎？「一個心撲通撲通地狂跳」的當下，興奮和緊張感可不只是會讓心跳加快而已，你可能沒注意到當下你的心臟甚至會忽快忽慢的變動呢！這樣的現象在醫學上能夠透過「心律變異率」來進一步分析你的身體狀態。

人類的身體有著許多自我調節的系統，當遇到緊急狀況，身體的交感神經就會比較活躍，讓你能夠盡快處理危機；而在放鬆的時候，和交感神經相互拮抗的副交感神經就會相對活躍，讓你的身體能夠確實休息。而上面提到的心律變異率厲害的地方就是能夠分析此刻你的交感神經和副交感神經的活躍程度。

如果你問說「我知道這個幹嘛？」的話，那可真是太天真了。心律變異率的應用可是非常廣泛的，舉個你們比較會比較有興趣的例子好了，拿測謊機來說，當你的男朋友或女朋友臉不紅氣不喘地撒謊，老練的他可能外表可以掩蓋地很好，但身體可是騙不了人的，這時候心律變異率就能派上用場了！

醫學上也有很多很棒的研究前仆後繼地進行著，基本的像是先天性心臟病、猝死症，甚至連糖尿病和疲勞程度都有很多相關研究呢！心律變異率用白話文說的話，就是看心跳的規律性，心跳的快慢、忽快忽慢的程度等等。而具體實施為先計算出每一下的心跳速度後，再用頻域分析法觀察心跳速度的變化趨勢。醫學上現行的法則是採用 ≤0.4Hz 的數值來進行心律變異率的分析。

表 3-2｜心律變異率的簡易説明

名稱	範圍	臨床說明
Total Power(TP)（整體能量）	≤0.4Hz	整體心律變異率數值
Low Frequency Power(LFP)（低頻能量）	0.04-0.15Hz	部分代表交感神經活性
High Frequency Power(HFP)（高頻能量）	0.15-0.4Hz	代表副交感神經活性

資料來源：何慈育、歐善福、林竹川、謝凱生（2009），〈心律變動性性分析〉，《臺灣醫界》，第 52 卷 6 期，頁 12-15。

不只如此，研究員還進一步實驗出標準化與比值的分析方法，聽到這邊我想應該大家都和我一樣躍躍欲試了，更詳細的內容與實作，就跟著裕鐵克我一起往下看看心律變異率究竟葫蘆裡賣的是什麼膏藥吧！

Python 程式實作單元

1. 參考 3.1 單元（一）的教學，在心電訊號穩定後，開始收集「5 分鐘」的訊號，且上傳 Google drive 後，下載到桌面方便後續分析取用。
2. 使用這個單元資料夾中的「疲勞分析系統單元（三）.ipynb」檔案，完成接下來的課程吧！（可參考 3.2 單元（二）或附錄 B 來將 Python 檔案匯入 Colab 網頁）
3. 在長時間的心電訊號中，單純只用上個單元教的「find_peak」方法可能會不夠精確，但這個章節的重點主要是在分析心律變異率，所以我們在這邊只需要盡可能把大部分波峰抓出來就好了。試著用裕鐵克從 2050 年帶來的程式，把「怪怪 Peak」做到最少吧！
4. 抓到波峰之後，我們該如何進一步表現「心跳的規律性」呢？在工程或醫學上較常見的一種作法是，將原本可能每秒 500 點的資料濃縮，以每秒 4 點的方式改寫，改寫的內容是每個波峰之間的間距，如此一來就能表現心跳有時快有時慢的概念囉！大家可以參考圖 3-6 來理解可能會更清楚，程式的部分由於實作較為繁瑣，裕鐵克又從 2050 年帶了一些技術建立成函式

「FourHz_resample」，對內容有十足興趣的人可以點開段落「#0. 先收錄一些會用到的公式和函式吧！」的顯示程式碼，就能看到裕鐵克的作法囉！

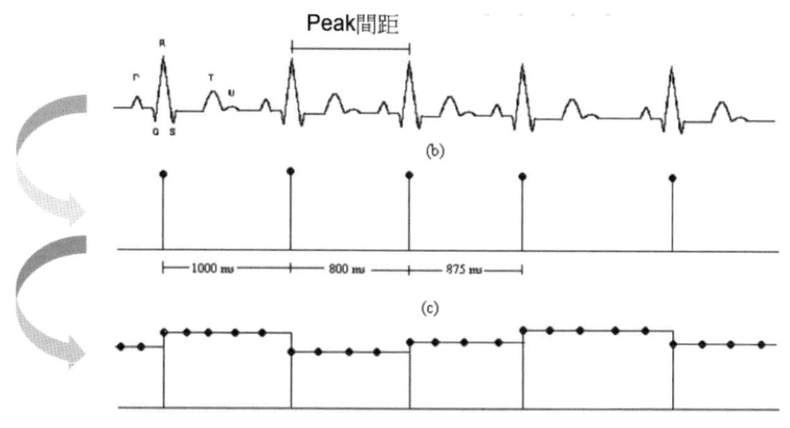

圖 3-6｜四赫茲波峰間距資料範例

資料來源：Pierre Asselin(2005), *Relationship Between The Autonomic Nervous System and The Recovering Heart Post Exercise Using Heart Rate Variability*. NJIT Masters Thesis.

5. 拿到一串能夠表現「心跳規律性」的數字後，我們最後要做的事情就是「量化」它們。這時候就會使用到無論當代還是 2050 年的工程師都最愛的「快速傅立葉轉換（Fast Fourier Transform, FFT）」，目前的你們並不需要理解它的原理，只需要知道它能夠將時域資料轉化成頻域資料，頻域資料其實和時域資料很類似，和時域資料一樣會有高有低來表示強度或高度，不過並非當下那個時間點的強度，而是那個「頻率」的能量。我想頻域的介紹這邊就先點到為止，後面會有機會再跟大家更詳細地介紹唷！

若大家有同步在實作，會注意到有兩個參數分別是 N 和 T，簡單地來說就是要告訴程式你的資料有多少個，每個之間所隱含的時間間隔是多少。N 的部分沒什麼特別的就是用來統計，但 T 的部分對於頻域資料來說特別重要，因為一旦你的時間間隔設定錯誤，那麼出來的頻域資料也會跟著受到影響唷！

```
# N: 資料總共有幾個
# T: 每個資料之間的時間間隔(每秒4點的話間隔就會是1/4秒)
N = FourHz_data.size
T = 1.0 / 4.0
```

6. 完成 FFT 後，用醫學常見的指標來加總這些量化數據吧！除了在表一提到的 TP、LFP 和 HFP 之外，不同區間的資料也會在不同的研究中被應用，以下列出來供大家參考，這次我們在進行上課疲勞程度的分析時，會使用到 HF 和 LHR 唷！

表 3-3｜心律變異率的詳細說明

心律變異率各參數	頻率範圍
Total power(TP)（整體能量）	0~0.4 Hz
Very Low Frequency(VLF) Power（超低頻能量）	0~0.04 Hz
Low Frequency(LF) Power（低頻能量）	0.04~0.15 Hz
High Frequency(HF) Power（高頻能量）	0.15~0.4 Hz
Normalized Low Frequency(nLF) Power（正規化低頻能量）	$\frac{100 * LF}{(TP - VLF)}$
Normalized High Frequency(nHF) Power（正規化高頻能量）	$\frac{100 * HF}{(TP - VLF)}$

Low-freuqneyc high-frequency power ratio(LHR)（低頻／高頻能量比例）	$\frac{LF}{HF}$

資料來源：何慈育、歐善福、林竹川、謝凱生（2009），〈心律變動性性分析〉，《臺灣醫界》，第 52 卷 6 期，頁 12-15。

7. 在上課前是不是有先請大家紀錄了一筆長時間的心電訊號，透過程式完成分析後，填寫表 3-4 吧，之後再前往第 8 步驟。

表 3-4｜完成成果：課前心律變異率

課前 5 分鐘的心律變異率	數值
Total power(TP)（整體能量）	
Very Low Frequency(VLF) Power（超低頻能量）	
Low Frequency(LF) Power（低頻能量）	
High Frequency(HF) Power（高頻能量）	
Normalized Low Frequency(nLF) Power（正規化低頻能量）	
Normalized High Frequency(nHF) Power（正規化高頻能量）	
Low-freuqneyc high-frequency power ratio(LHR)（低頻／高頻能量比例）	

8. 完成這堂課的你，是不是感覺你的疲勞指數上升了一點呢？讓我們用今天學的心律變異率測試看看你是不是真的比較疲勞吧！再次蒐集「5 分鐘」的心電訊號，上傳 Google drive 後下載到桌布，同一份程式再次分析自己的心律變異率，完成後填寫表 3-5 吧！

表 3-5｜完成成果：課後心律變異率

課前 5 分鐘的心律變異率	數值
Total power(TP)（整體能量）	
Very Low Frequency(VLF) Power（超低頻能量）	
Low Frequency(LF) Power（低頻能量）	
High Frequency(HF) Power（高頻能量）	
Normalized Low Frequency(nLF) Power（正規畫低頻能量）	
Normalized High Frequency(nHF) Power（正規畫高頻能量）	
Low-freuqneyc high-frequency power ratio(LHR)（低頻／高頻能量比例）	

9. 相較於課前，課後 5 分鐘的 HF 改變了______、LHR 改變了______。

   那麼究竟該如何觀察是否較為疲勞呢？根據研究統計，[1] 經歷精神勞動過後的人，普遍 HF 和 nHF 會下降而 LHR 上升。哦！你的疲勞指數確實提升了嗎？想必你一定是認真上進的好學生。先做完實驗的你，來看看你隔壁那位同學有沒有認真上課吧！

---

1 Suzanne C. Segerstrom and Lise S. Nes(2007), "Heart Rate Variability Reflects Self-regulatory Strength, Effort, and Fatigue." *Psychological Science* 18(3): 275-281. Doi:10.1111/j.1467-9280.2007.01888.x

什麼！？這麼精采的課程居然還有精美證書和報告可以帶回家？該如何自製像圖 3-7 實驗課程（一）的證書與報告範例呢？

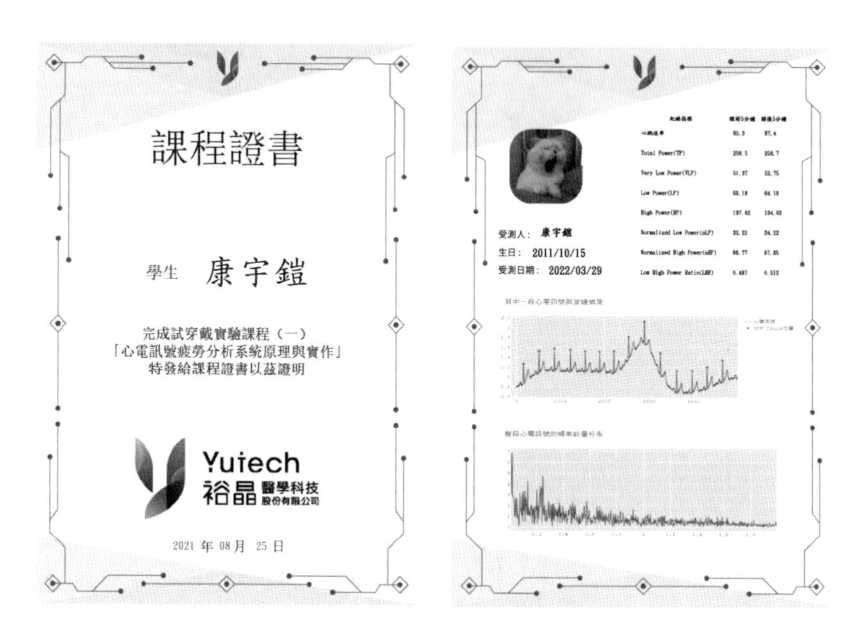

圖 3-7｜課程證書與報告範例

資料來源：實驗介面。

（1）下載 3.3 單元實作的心電訊號與心律變異率的圖片。

方法一：利用 Colab 內建截圖功能（Tips：可以利用照相機旁邊放大鏡的功能來框選想要的圖片範圍）。

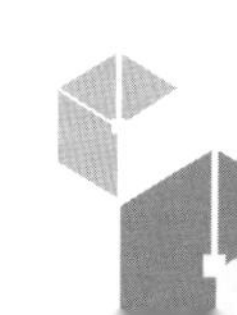

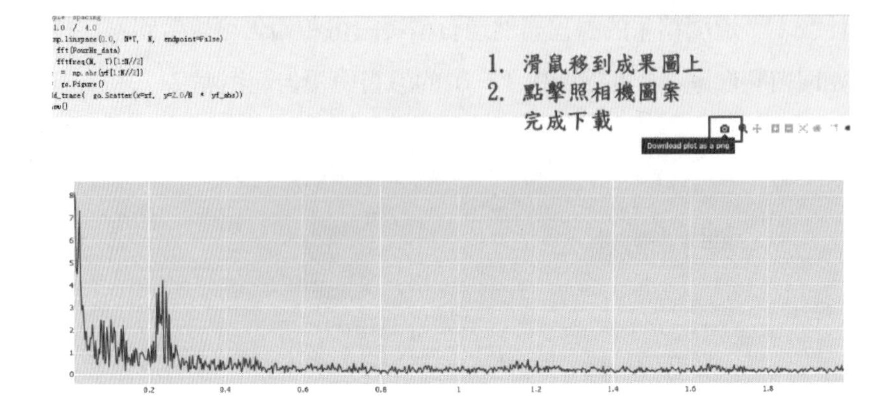

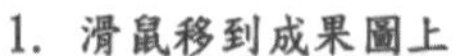

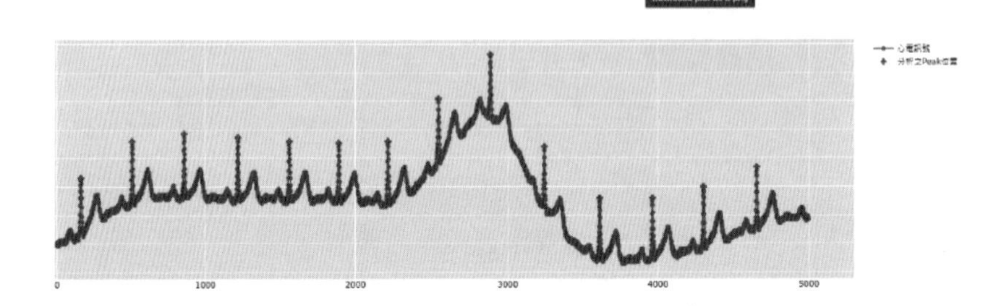

方法二：利用電腦內建功能，如 window 的「剪取工具」、MAC 的截圖功能（shift+alt+4）。

（2）點擊連結，填寫測試結果與個人資料，生成專屬的精美證書與報告：Yutech 證書生成網頁（https://myku0814.github.io/Certificate/lab1.html）進入網頁，填寫資料，上傳課程圖片與成果。

（3）完成課程並找到密碼輸入「證書金鑰」，點選產生證書，輸出PDF，即可獲得精美報告（Tips：列印欄位的設定選項中，將「頁首及頁尾」取消勾選，即可屏蔽網頁資訊）。

3.4 延伸單元：大電腦也能同步看我的小心電？進階主動學習模組的入門課

1. **確認實驗設備：**夾針頭*10、USB 線*1、進階主動學習模組（M2K）*1、排針數組、大排線*1、小排線*1（如圖 3-8 所示）。

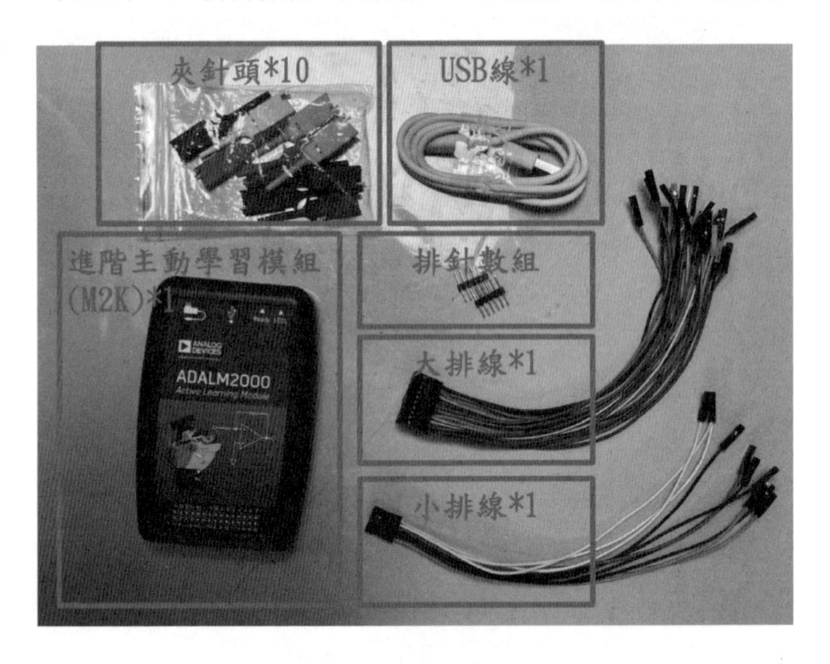

圖 3-8｜進階主動學習模組實驗課套組

2. 軟體安裝

   2.1 Google 搜尋「m2k driver」，下載並依照下面步驟安裝 M2K 的驅動程式吧！

1. 搜尋m2k driver

Google m2k driver

全部 圖片 購物 新聞 地圖 更多 工具

2. 點擊網站 約有 759,000 項結果 (搜尋時間：0.45 秒)

Releases · analogdevicesinc/plutosdr-m2k-drivers-win - GitHub
Windows USB drivers for PlutoSDR and ADALM2000. Contribute to analogdevicesinc/plutosdr-

https://wiki.analog.com › tools › pluto ▾ 翻譯這個網頁
Windows USB drivers for PlutoSDR and M2k - Analog Devices ...
2021年5月24日 — USB Devices. Once the drivers are installed, and the device (Pluto or M2k) is plugged in, the following subsystems should be ready to use:.
USB Devices · Serial · Ethernet

https://wiki.analog.com › m2k › common ▾ 翻譯這個網頁
ADALM2000 (M2K) Firmware Updates - Analog Devices Wiki
2021年1月29日 — m2k.dfu, DFU file for M2k Firmware, this would include FPGA Bit File, Linux kernel (all drivers), and ram based file system.
Mass Storage Update · Windows/OSX · Linux · DFU Update

https://www.findbestopensource.com › an... ▾ 翻譯這個網頁

本機
下載
名稱
修改日期
點擊安裝驅動程式
今天 (1)
PlutoSDR-M2k-USB-Drivers.exe
昨天 (2)

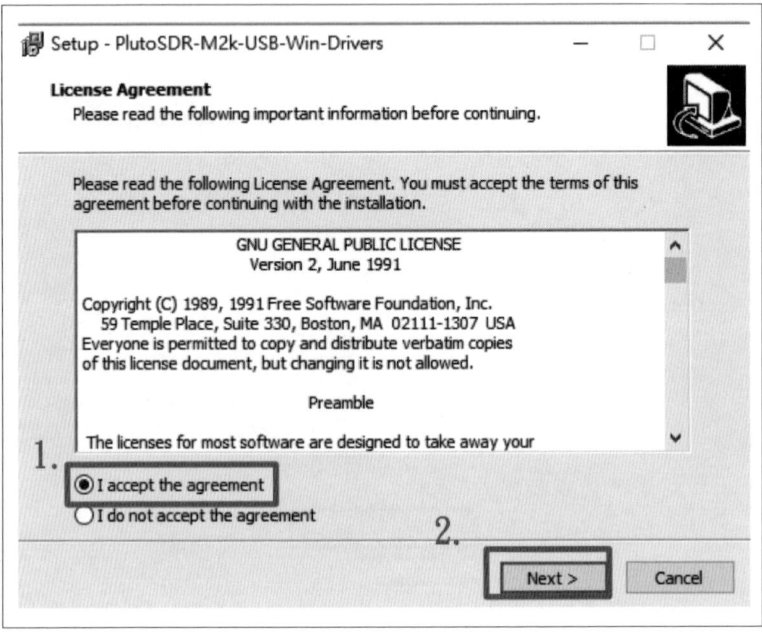
Setup - PlutoSDR-M2k-USB-Win-Drivers
License Agreement
Please read the following important information before continuing.
Please read the following License Agreement. You must accept the terms of this agreement before continuing with the installation.
GNU GENERAL PUBLIC LICENSE
Version 2, June 1991
Copyright (C) 1989, 1991 Free Software Foundation, Inc.
59 Temple Place, Suite 330, Boston, MA 02111-1307 USA
Everyone is permitted to copy and distribute verbatim copies
of this license document, but changing it is not allowed.
Preamble
The licenses for most software are designed to take away your
1.
I accept the agreement
I do not accept the agreement
2.
Next >
Cancel

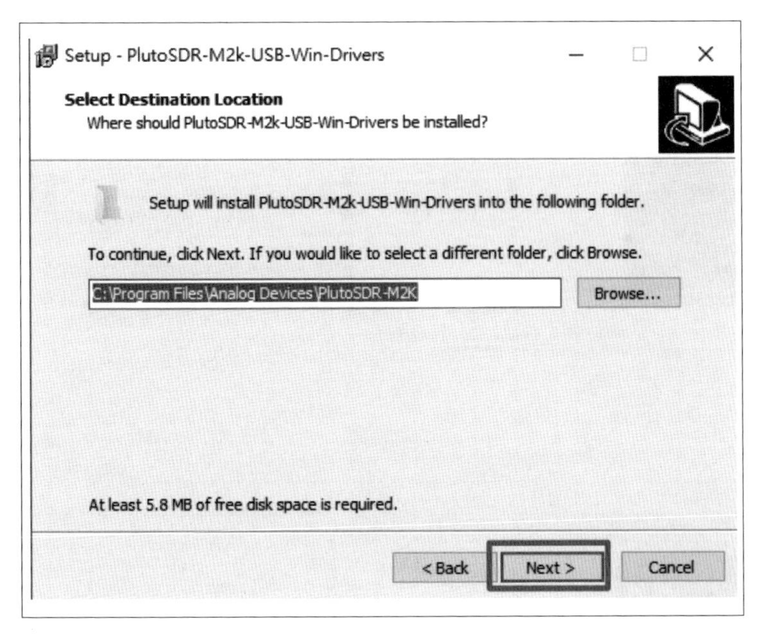
Setup - PlutoSDR-M2k-USB-Win-Drivers
Select Destination Location
Where should PlutoSDR-M2k-USB-Win-Drivers be installed?
Setup will install PlutoSDR-M2k-USB-Win-Drivers into the following folder.
To continue, click Next. If you would like to select a different folder, click Browse.
C:\Program Files\Analog Devices\PlutoSDR-M2K
Browse...
At least 5.8 MB of free disk space is required.
< Back
Next >
Cancel

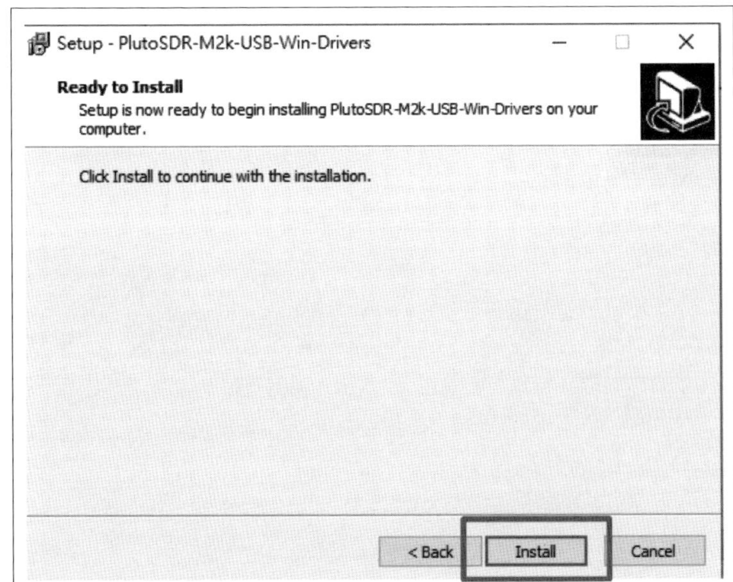
Setup - PlutoSDR-M2k-USB-Win-Drivers
Ready to Install
Setup is now ready to begin installing PlutoSDR-M2k-USB-Win-Drivers on your computer.
Click Install to continue with the installation.
< Back
Install
Cancel

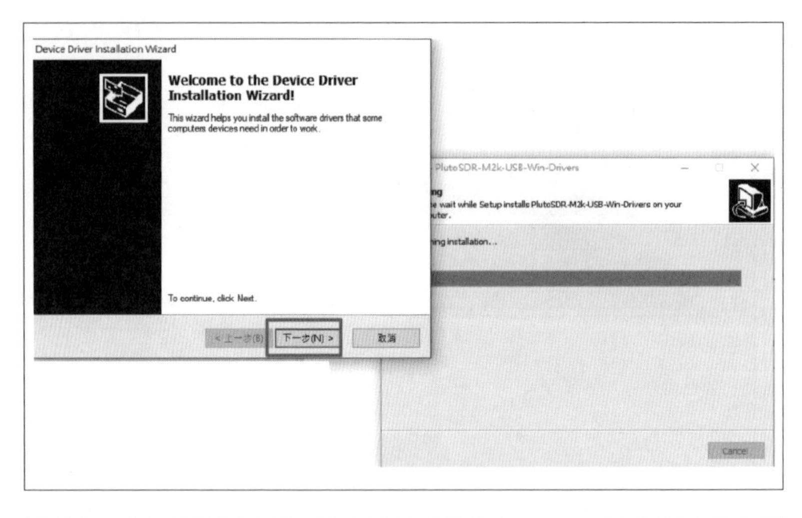
Device Driver Installation Wizard
Welcome to the Device Driver Installation Wizard!
This wizard helps you install the software drivers that some computers devices need in order to work.
To continue, click Next.
下一步(N) >
取消
PlutoSDR-M2k-USB-Win-Drivers
Cancel

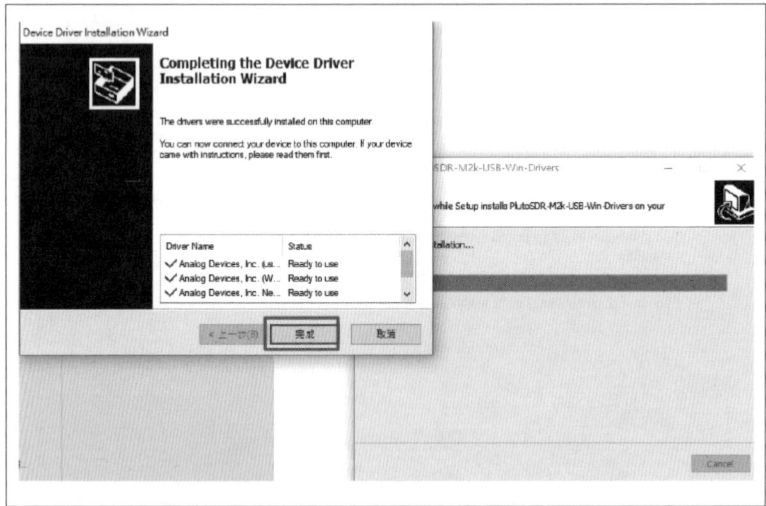
Device Driver Installation Wizard
Completing the Device Driver Installation Wizard
The drivers were successfully installed on this computer.
You can now connect your device to this computer. If your device came with instructions, please read them first.
Driver Name
Status
Analog Devices, Inc.
Ready to use
完成
取消
Cancel

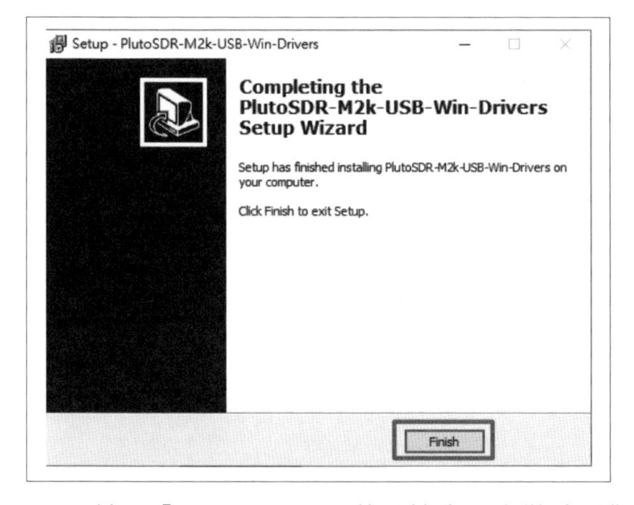

2.2 Google 搜尋「adi scopy」，下載並按步驟安裝波形觀測程式 Scopy 吧！

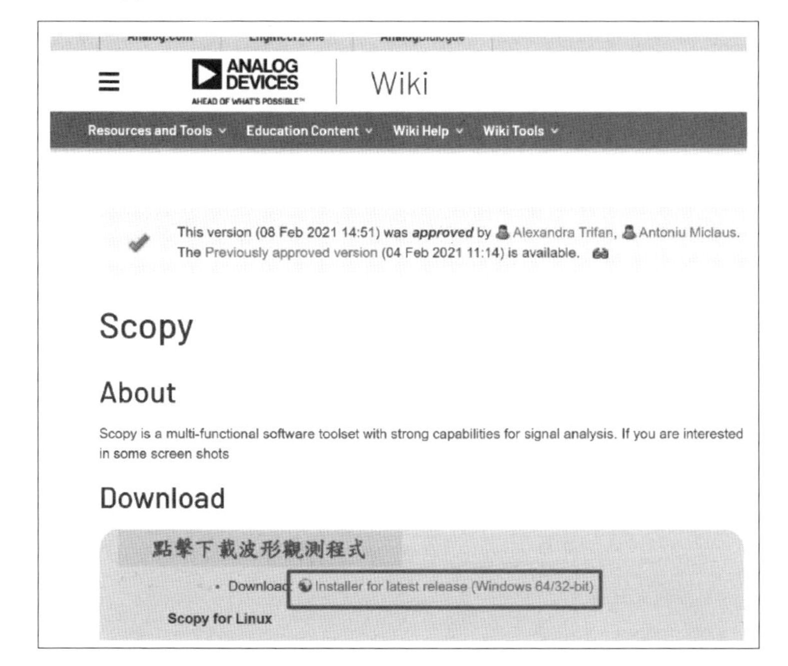

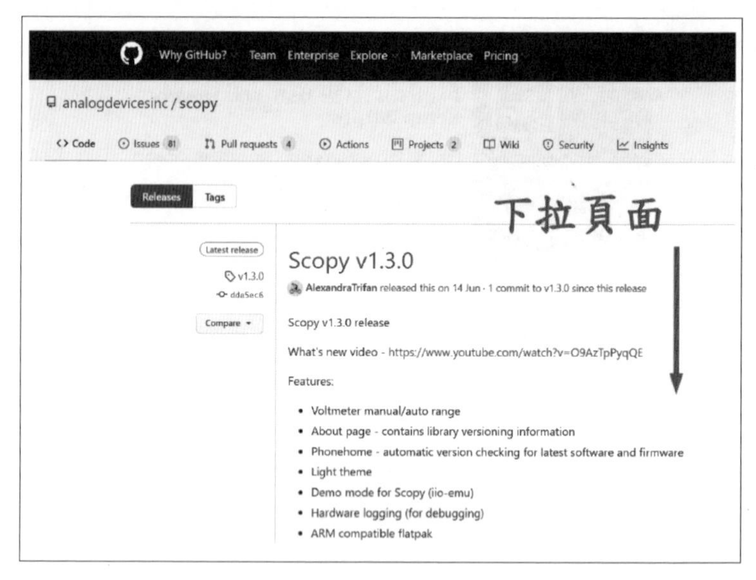
Why GitHub? Team Enterprise Explore Marketplace Pricing
analogdevicesinc / scopy
Code Issues 81 Pull requests 4 Actions Projects 2 Wiki Security Insights
Releases Tags
下拉頁面
Latest release
v1.3.0
Compare
Scopy v1.3.0
AlexandraTrifan released this on 14 Jun · 1 commit to v1.3.0 since this release
Scopy v1.3.0 release
What's new video - https://www.youtube.com/watch?v=O9AzTpPyqQE
Features:
Voltmeter manual/auto range
About page - contains library versioning information
Phonehome - automatic version checking for latest software and firmware
Light theme
Demo mode for Scopy (iio-emu)
Hardware logging (for debugging)
ARM compatible flatpak

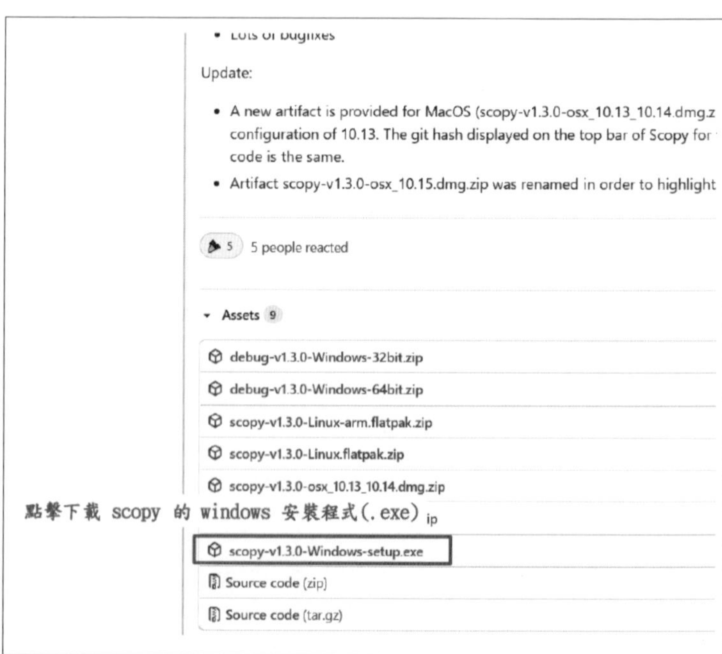
Update:
A new artifact is provided for MacOS (scopy-v1.3.0-osx_10.13_10.14.dmg.z
configuration of 10.13. The git hash displayed on the top bar of Scopy for
code is the same.
Artifact scopy-v1.3.0-osx_10.15.dmg.zip was renamed in order to highlight
5 people reacted
Assets 9
debug-v1.3.0-Windows-32bit.zip
debug-v1.3.0-Windows-64bit.zip
scopy-v1.3.0-Linux-arm.flatpak.zip
scopy-v1.3.0-Linux.flatpak.zip
scopy-v1.3.0-osx_10.13_10.14.dmg.zip
點擊下載 scopy 的 windows 安裝程式(.exe)
scopy-v1.3.0-Windows-setup.exe
Source code (zip)
Source code (tar.gz)

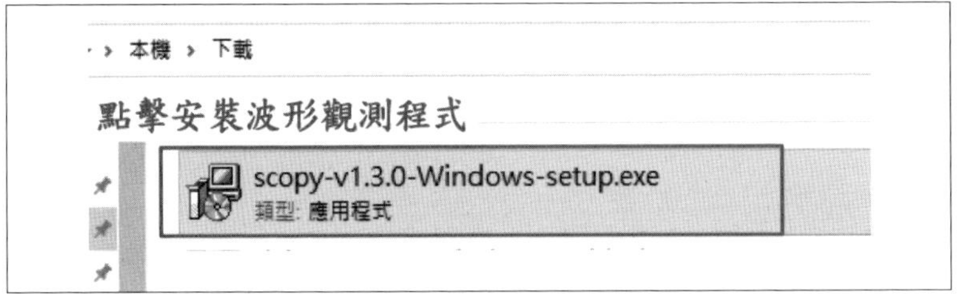
本機 › 下載
點擊安裝波形觀測程式
scopy-v1.3.0-Windows-setup.exe
類型: 應用程式

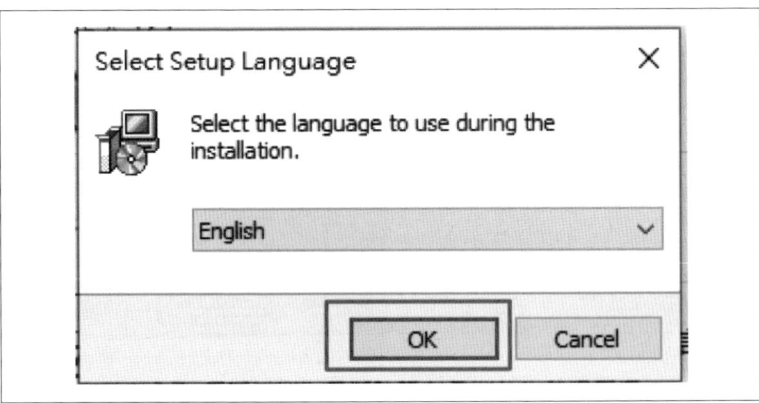
Select Setup Language
Select the language to use during the installation.
English
OK
Cancel

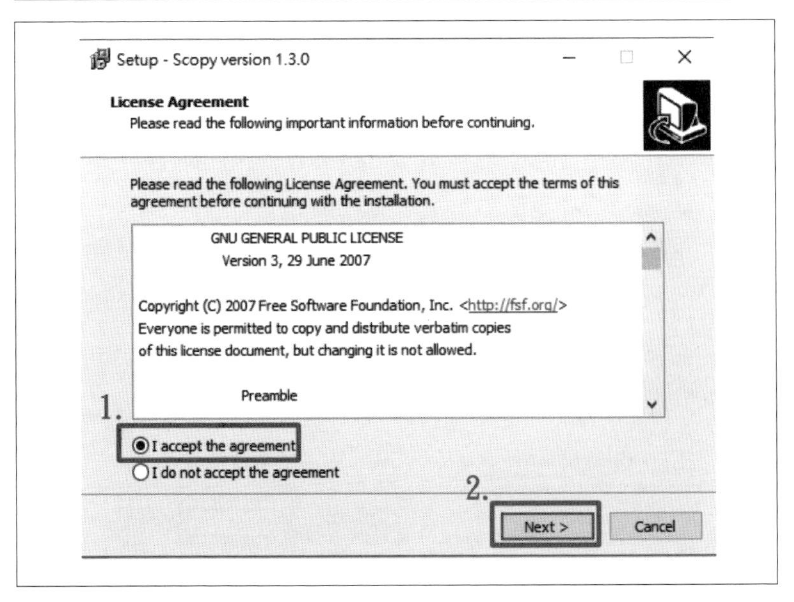
Setup - Scopy version 1.3.0
License Agreement
Please read the following important information before continuing.
Please read the following License Agreement. You must accept the terms of this agreement before continuing with the installation.
GNU GENERAL PUBLIC LICENSE
Version 3, 29 June 2007
Copyright (C) 2007 Free Software Foundation, Inc. <http://fsf.org/>
Everyone is permitted to copy and distribute verbatim copies
of this license document, but changing it is not allowed.
Preamble
1.
I accept the agreement
I do not accept the agreement
2.
Next >
Cancel

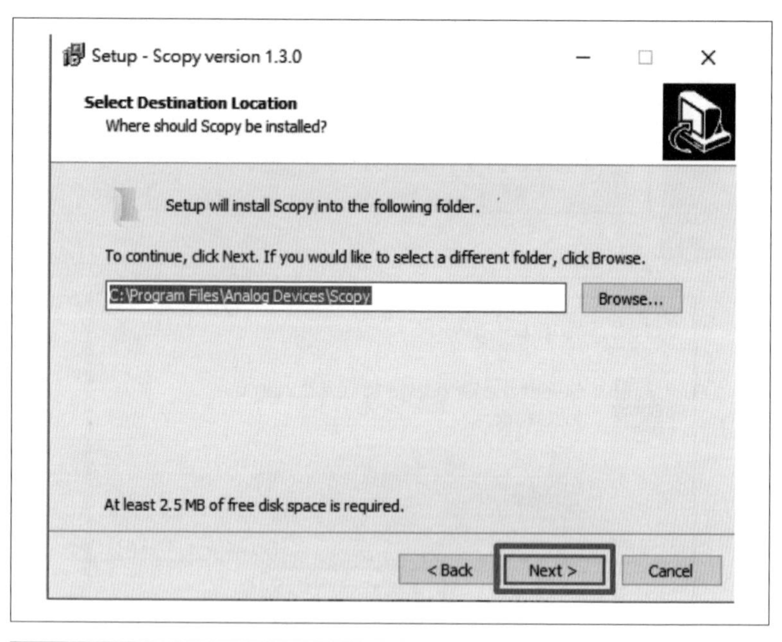
Setup - Scopy version 1.3.0
Select Destination Location
Where should Scopy be installed?
Setup will install Scopy into the following folder.
To continue, click Next. If you would like to select a different folder, click Browse.
C:\Program Files\Analog Devices\Scopy
Browse...
At least 2.5 MB of free disk space is required.
< Back
Next >
Cancel

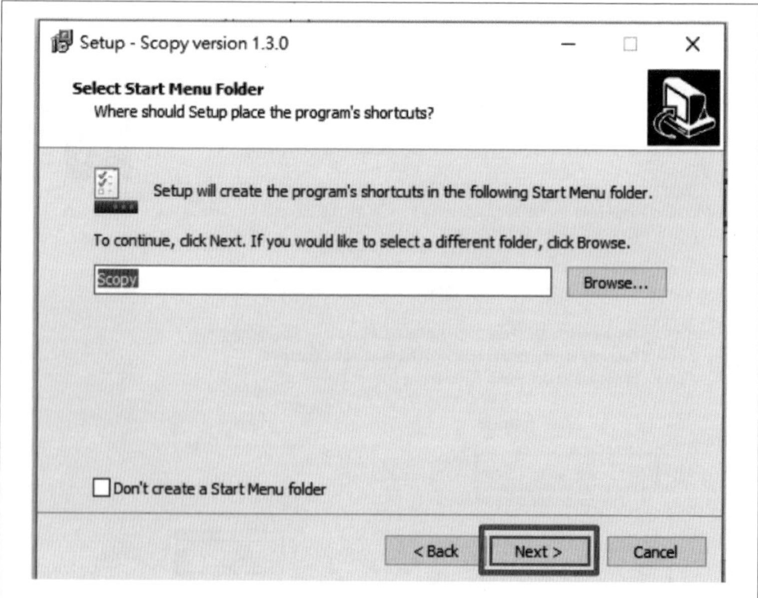
Setup - Scopy version 1.3.0
Select Start Menu Folder
Where should Setup place the program's shortcuts?
Setup will create the program's shortcuts in the following Start Menu folder.
To continue, click Next. If you would like to select a different folder, click Browse.
Scopy
Browse...
Don't create a Start Menu folder
< Back
Next >
Cancel

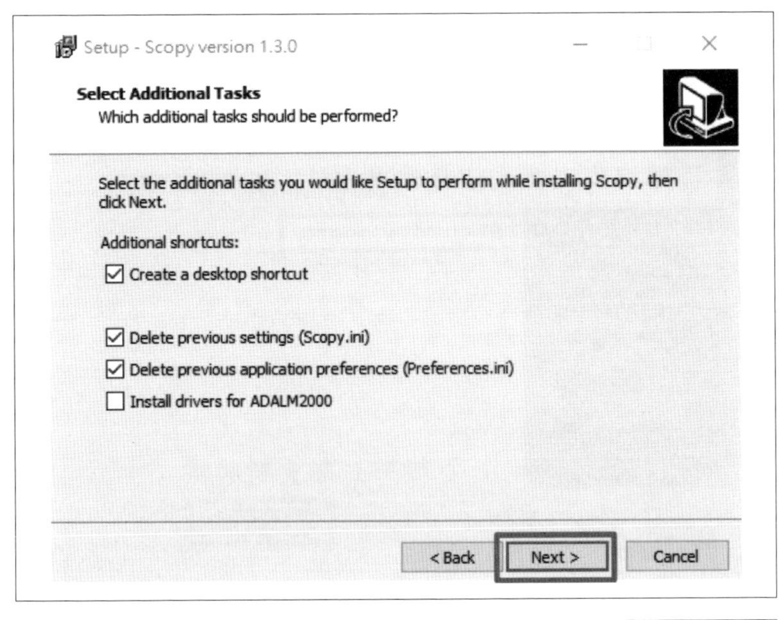
Setup - Scopy version 1.3.0
Select Additional Tasks
Which additional tasks should be performed?
Select the additional tasks you would like Setup to perform while installing Scopy, then click Next.
Additional shortcuts:
Create a desktop shortcut
Delete previous settings (Scopy.ini)
Delete previous application preferences (Preferences.ini)
Install drivers for ADALM2000
< Back
Next >
Cancel

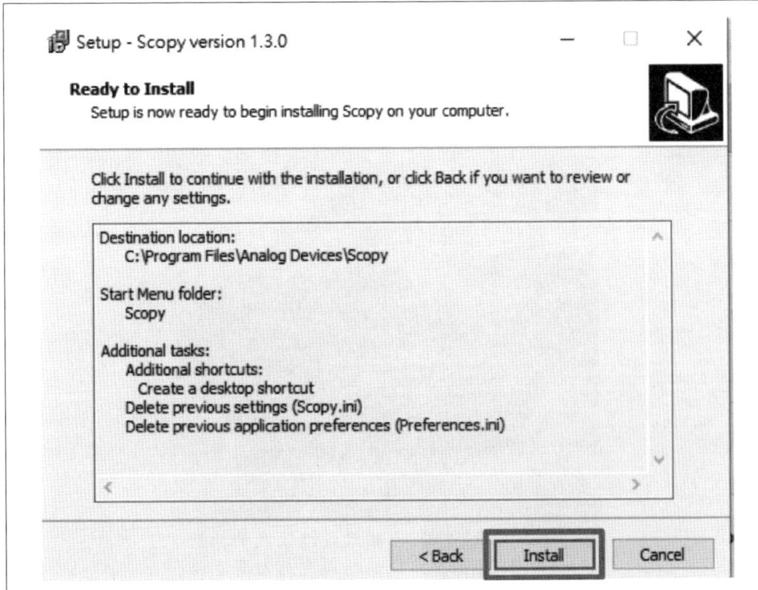
Setup - Scopy version 1.3.0
Ready to Install
Setup is now ready to begin installing Scopy on your computer.
Click Install to continue with the installation, or click Back if you want to review or change any settings.
Destination location:
C:\Program Files\Analog Devices\Scopy
Start Menu folder:
Scopy
Additional tasks:
Additional shortcuts:
Create a desktop shortcut
Delete previous settings (Scopy.ini)
Delete previous application preferences (Preferences.ini)
< Back
Install
Cancel

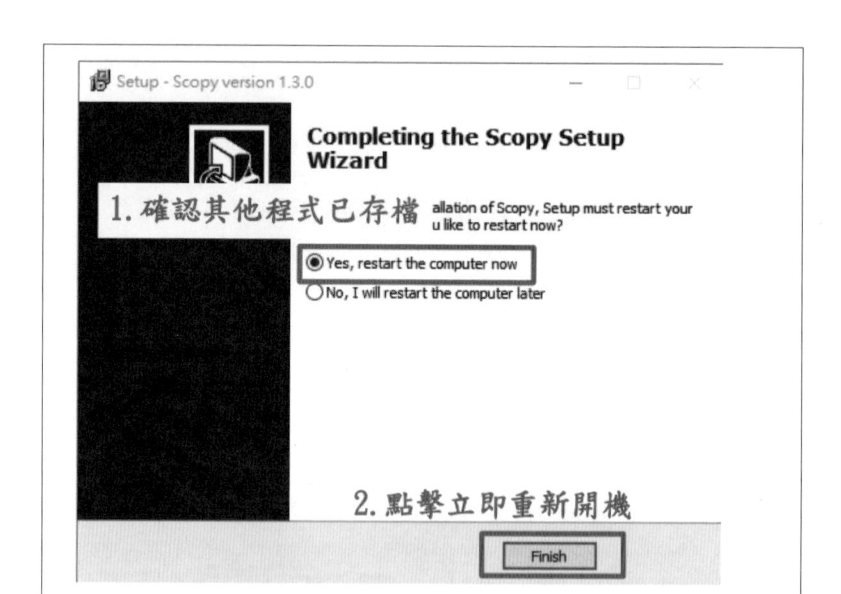

3. 裝設線路：小排線+夾頭+USB

3.1 裝設小排線

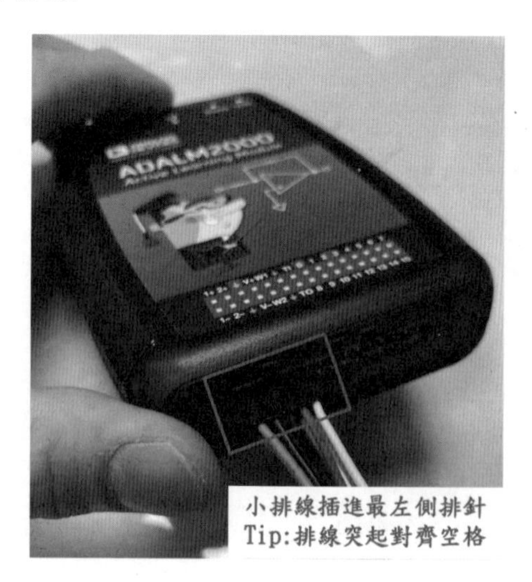

ADALM2000
小排線插進最左側排針
Tip:排線突起對齊空格

3.2 裝設夾針頭

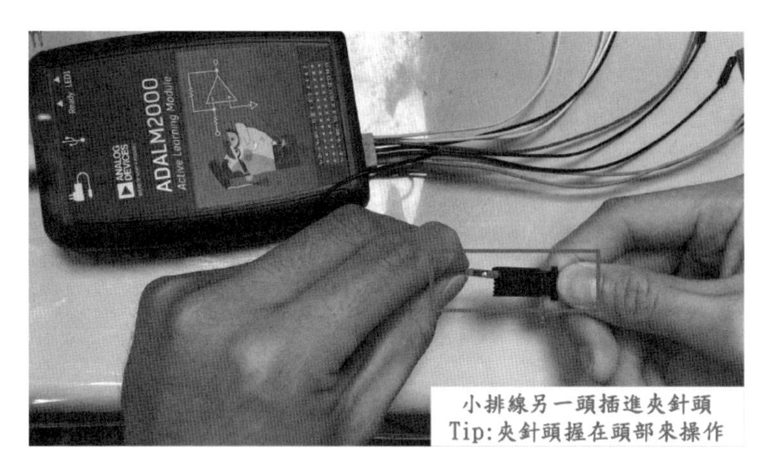
ADALM2000
Active Learning Module
ANALOG DEVICES
小排線另一頭插進夾針頭
Tip:夾針頭握在頭部來操作

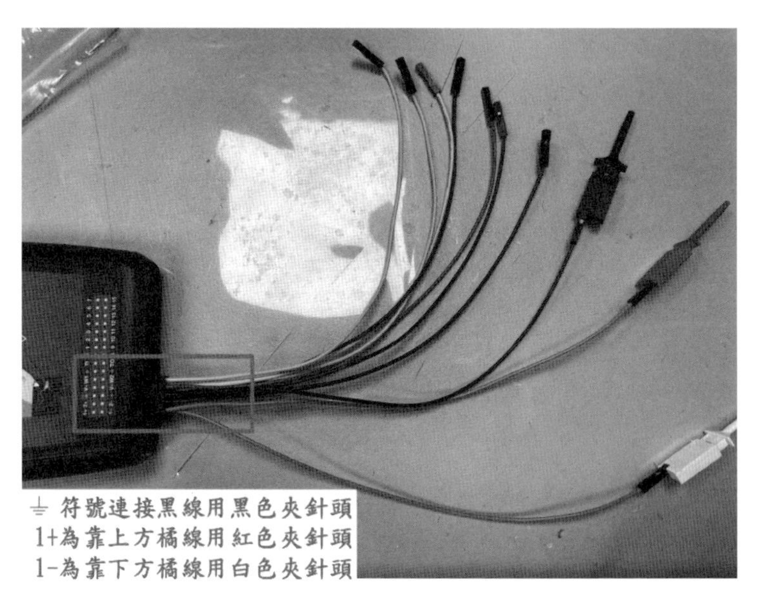
⏚ 符號連接黑線用黑色夾針頭
1+為靠上方橘線用紅色夾針頭
1-為靠下方橘線用白色夾針頭

3.3 裝設 USB 線

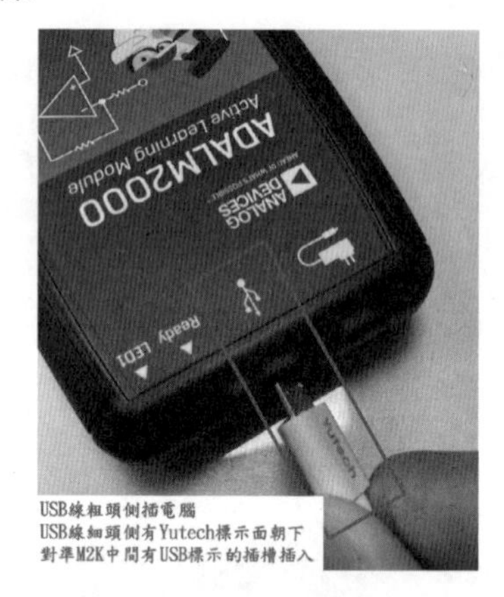

4. 來看看 Scopy 波形觀測器怎麼使用吧！

4.1 找到 Scopy（桌面應有程式，若無也可使用 window 左下搜尋 scopy 即可）

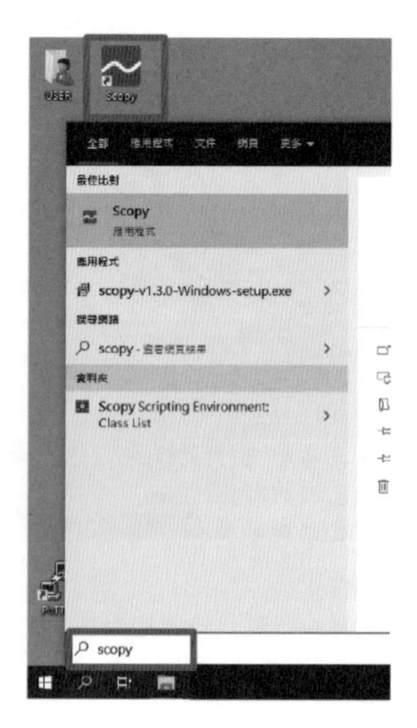

4.2 開啟 Scopy

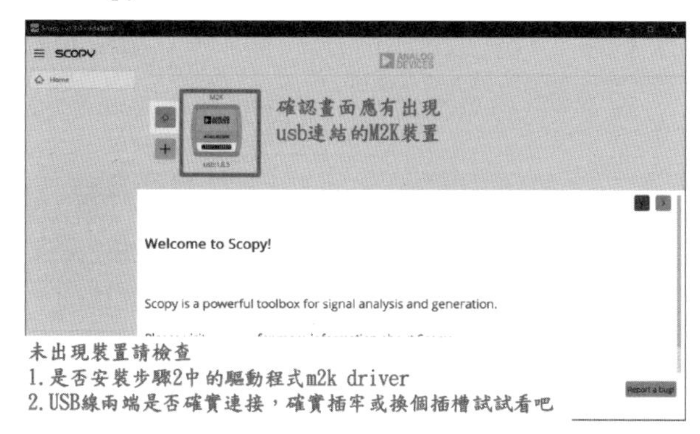

4.3 選擇並連上 M2K 裝置

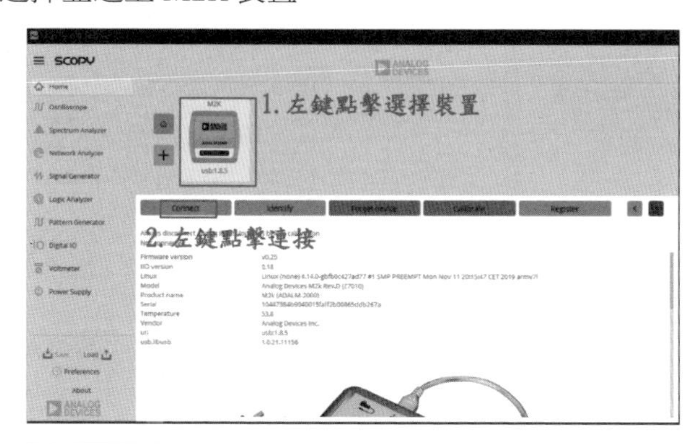

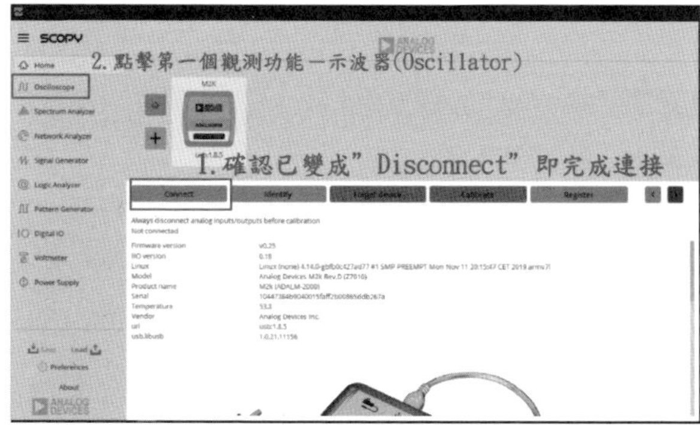

4.4 TriAnswer 與 M2K 搭配

4.4.1 根據 3.1 單元的 TriAnswer 基本操作教學，確認手機上能看見心電訊號如圖 3-9 所示。

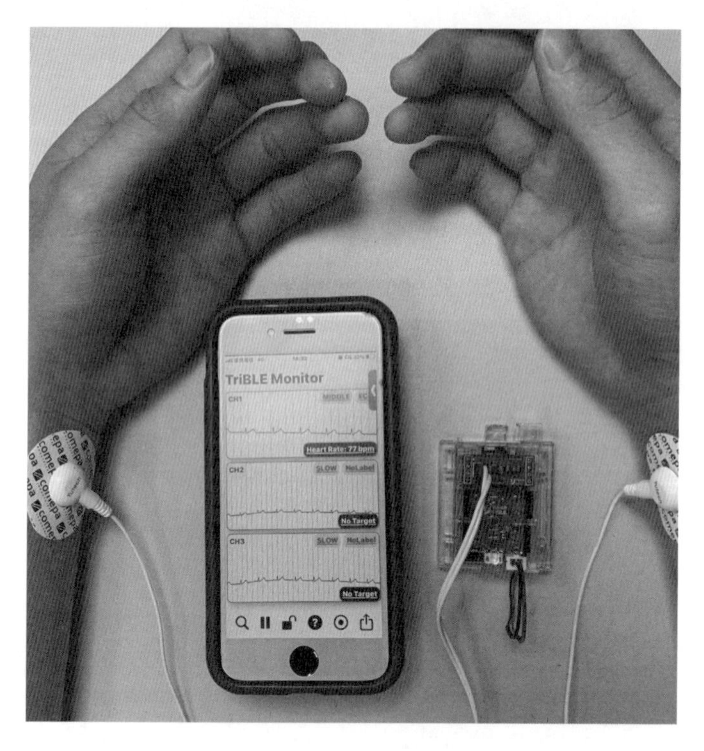

圖 3-9｜確認 TriAnswer 確實量到 ECG 訊號（與 M2K 搭配之課程）

資料來源：作者實驗拍攝。

4.4.2 連接 M2K 的線路到 TriAnswer 上

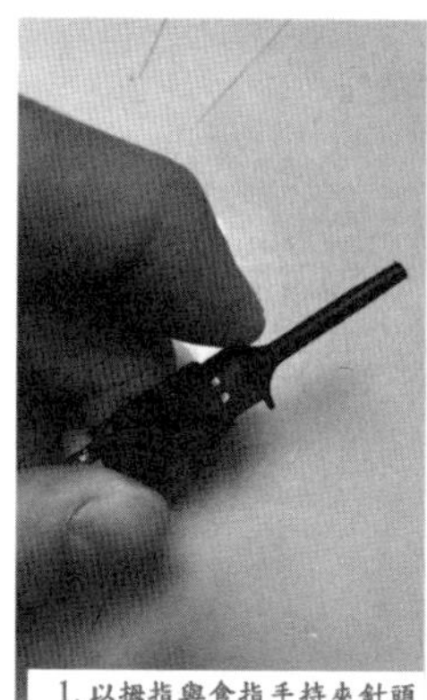

1. 以拇指與食指手持夾針頭
（中指輔助可能更順手唷！）

2. 稍微收攏兩指擠壓夾針頭
觀察夾針頭前端露出夾針

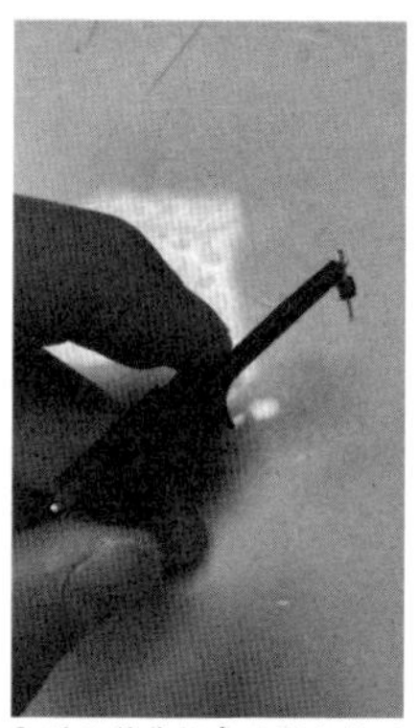

3. 置於待連接處放鬆夾針頭
確認夾針牢固夾住連接處

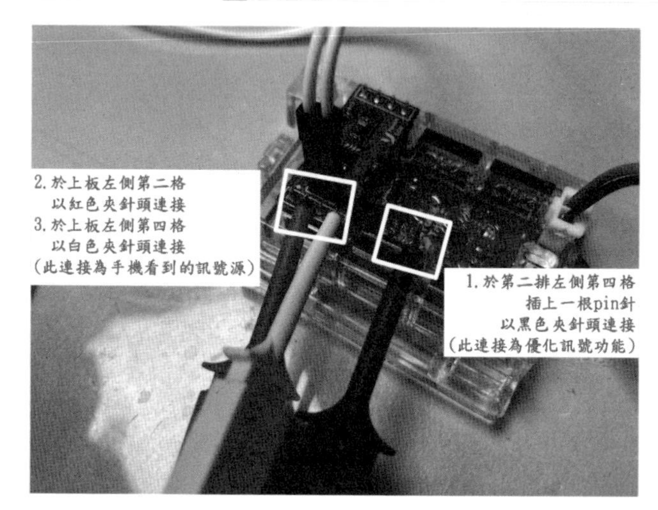

2. 於上板左側第二格
以紅色夾針頭連接
3. 於上板左側第四格
以白色夾針頭連接
（此連接為手機看到的訊號源）
1. 於第二排左側第四格
插上一根pin針
以黑色夾針頭連接
（此連接為優化訊號功能）

4.4.3 最後一哩路，終於可以看到訊號了！完成設定應該能夠和裕鐵克一樣收到像圖 3-10 的心電訊號唷！若訊號異常可以先檢查手機收到的是否正常，並檢查夾針頭是否正常連接。

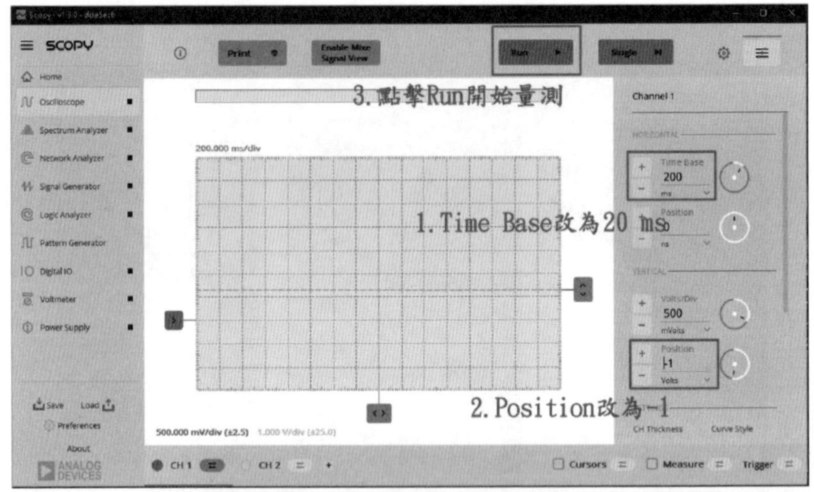

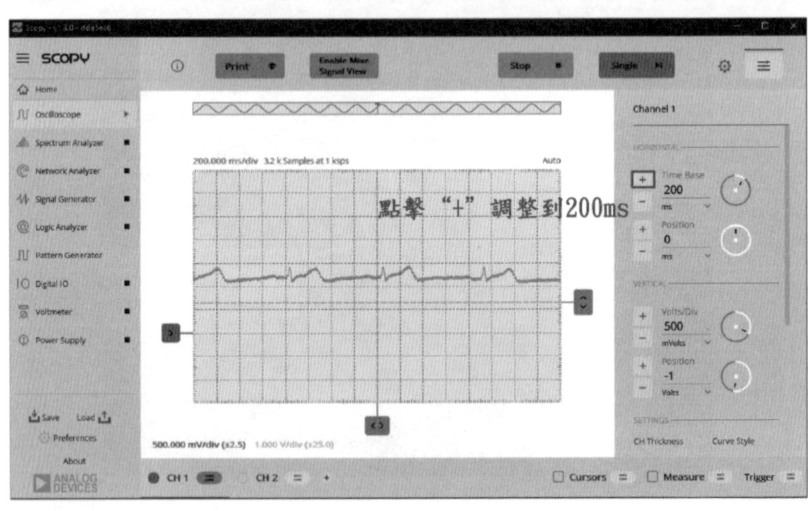

圖 3-10｜M2K 示波器第一次量測心電訊號

資料來源：實驗介面。

4.4.4 什麼！你的畫面訊號看起來很奇怪？裕鐵克我忘記和你提醒啦！其實在我們現實環境存在許多雜訊，如電源雜訊，尤其是旁邊有電腦的環境更雜唷！靠得越近、接觸載體都會讓雜訊的影響更劇烈，你可以試著做做下面的實驗。

a. 試著讓貼著電極正在量測心電訊號的同學，離電腦和桌子遠一點，並觀察 Scopy 上的訊號變化吧！

b. 試著讓貼著電極正在量測心電訊號的同學，單手、雙手觸碰桌面，並觀察 Scopy 上的訊號變化吧！

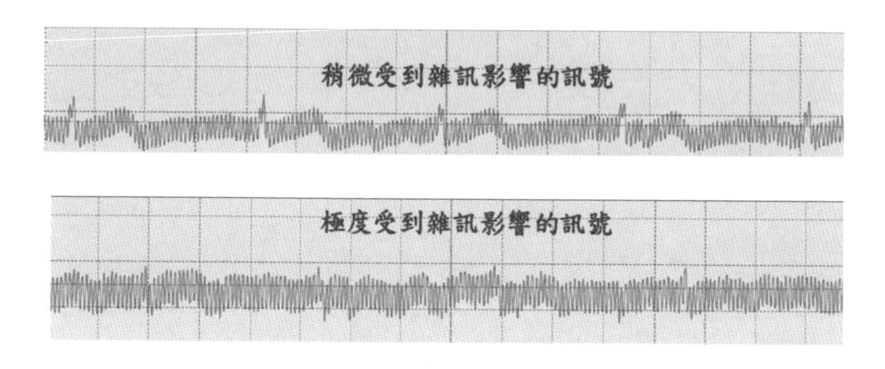

4.4.5 試著隨意調整示波器面板上的四個控制參數來熟悉功能吧！最後找出像圖 3-11 最漂亮的心電訊號，在表 3-6 紀錄一下努力調整過後的數值是多少吧！

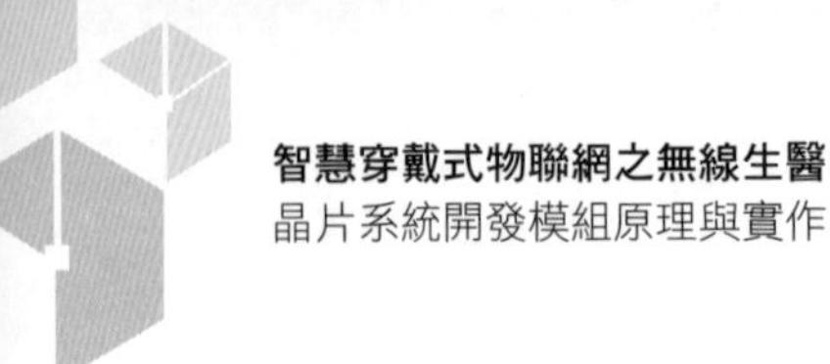

表 3-6 ｜ M2K 示波器觀察心電訊號參數設定

項目	數值	單位
Time Base（時間座標）		ms
Position（時間位置）		ms
Volts/Div（單位電壓）		mVolts
Position（電壓位置）		Volts

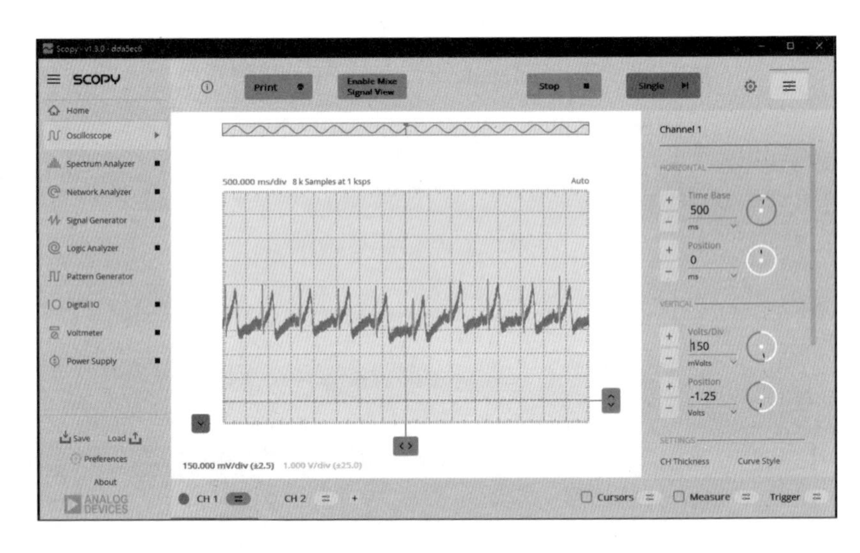

圖 3-11 ｜ M2K 示波器調整後測得心電訊號

資料來源：實驗介面。

5. 來學習使用頻譜分析儀吧！

5.1 第一步該怎麼玩好呢？

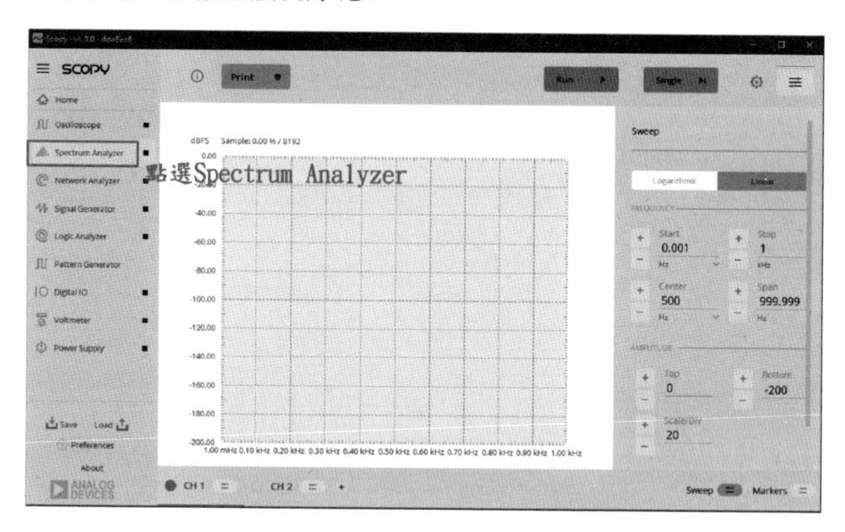

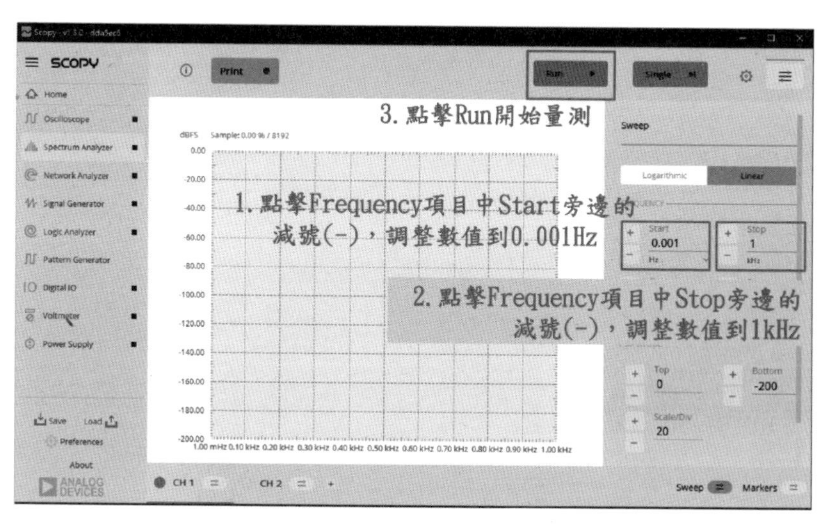

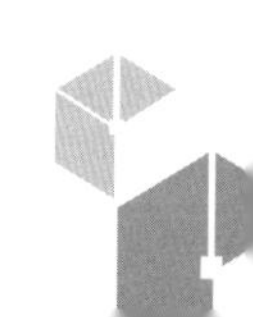

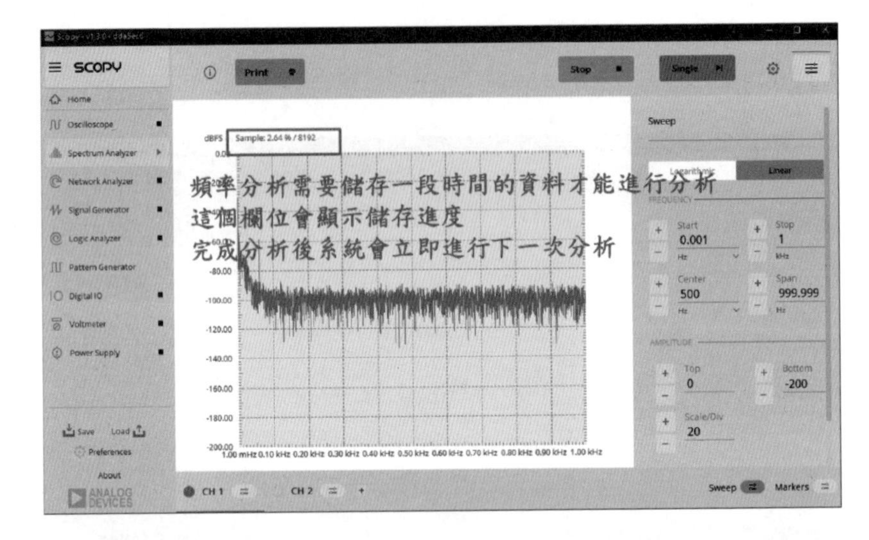

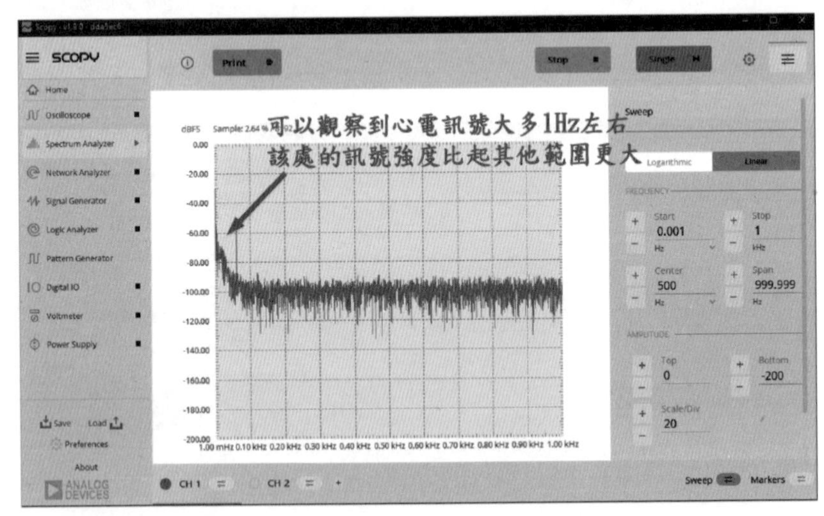

圖 3-12｜M2K 頻率分析儀同步分析心電訊號

資料來源：實驗介面。

5.2 設定更適合我們的參數吧！

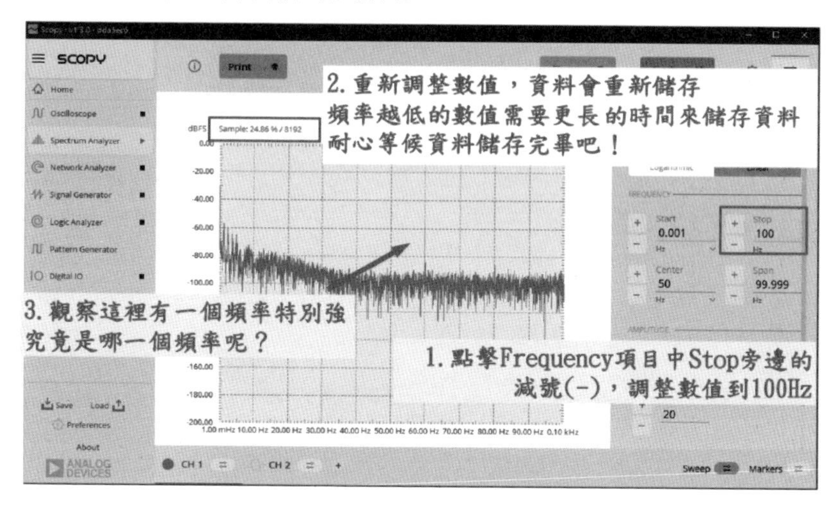

課程結語：

人類心跳平均每分鐘 60~80 次，換算成赫茲（Hz），就是每 1Hz~1.3Hz 左右，可以觀察到頻率分析儀中 1Hz 左右的強度是比較高的。另外在 60Hz 的地方也有一個頻率特別強，大家都猜到是為什麼了嗎？沒錯！就是電源雜訊，由於台灣供電系統是以 60Hz 為主，若沒有經過特殊的處理，有接到插頭的量測就都會受到影響。這就是為什麼在 3.2 單元將 TriAnswer 拿開桌面，會得到較清晰訊號的原因唷！

CHAPTER 4

實驗課（二）你有用力嗎？肌電訊號量測原理與實作

4.0 前導篇：肌電訊號是什麼？我會被電到嗎？肌電訊號基本介紹

大家好，裕鐵克我又來啦！今天裕鐵克我要為大家解開肌肉底下的奧秘——江湖人稱的肌電訊號 EMG（Electromyography）啦。在我們人體的皮膚底下（尤其四肢）通常都有著肌肉群，在每一次我們大腦下達動作指令時，肌肉群就會收縮來完成指定動作。而這些指令就是透過下面這張圖 4-1 中一條一條的運動神經元來傳遞電訊號，這些訊號是由人體自己產生，電位非常低所以完全不用擔心會被電到。不過人體又是怎麼產生這些電的？其中運作的機制又是什麼呢？下面就讓裕鐵克用圖 4-2 為大家概略講解神經傳導的原理吧！

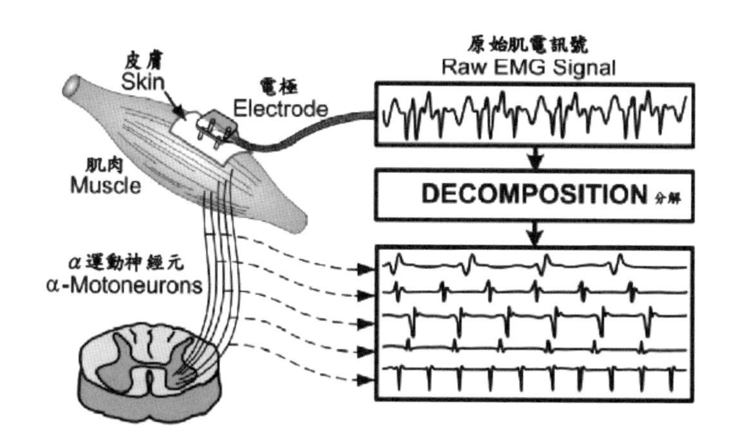

圖 4-1｜肌肉動作與神經傳導關係示意圖

資料來源：Carlo De Luca and Alexander Adam(2006), “Decomposition of Surface EMG Signals.” *Journal of Neurophysiology* 96(3): 1646-1657. DOI:10.1152/jn.00009.2006
說明：圖中中文為作者所加。

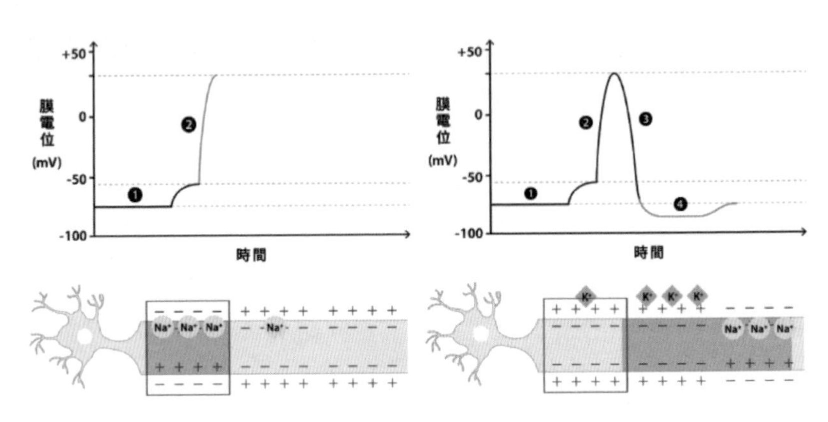

圖 4-2｜神經傳導原理示意圖

資料來源：國家實驗研究院（NARLabs），〈愛放電的神經細胞〉。網址 https://www.narlabs.org.tw/tw/xcscience/cont?xsmsid=0I148638629329404252&sid=0J193509885517004464

神經傳導與控制最核心的部分，主要是透過搬運神經元細胞膜內外的鈉鉀離子，來傳遞一次的訊號（對肌肉來說即是一次收縮）。一條神經元的訊號如果有成功傳遞，都會經歷幾個階段：

極化（1）：休息中！

膜電位平常處於-70mV，細胞膜內帶負電，膜外帶正電，此為靜止膜電位。

去極化（2）：起床工作！

神經接受神經傳導因子，開啟鈉離子通道，使膜電位帶正電。

再極化（3）：下班休息！

膜電位到達高峰，鈉離子通道關閉，同時開啟鉀離子通道，使電位回到負電狀態。

過極化（4）：休息過頭！

鉀離子通道太晚關閉，導致膜電位低於靜止膜電位，鈉鉀離子幫浦消耗能量平衡粒子濃度。

特別值得注意的是神經細胞的全有全無律，細胞們要麼工作要麼不工作，沒有細胞會做一半的唷！如果起床工作的電力不足，沒有躍升到一定高度，肌肉就不會執行這次的收縮。

但又為什麼我們有辦法控制肌力的大小呢？其實控制肌力大小主要是端看參與此次出力的細胞數量，力量小的時候參與的細胞數量少，但每個細胞都是盡全力在工作的。這樣的原理其實也反映到圖 4-1 中，一般量測到的肌電訊號非常地雜亂，其實正是因為它是數條運動神經元的訊號加總的結果。

理解到肌電訊號其實源自運動神經元的神經傳導後，在量測上除了在皮膚上的表面電極方法之外，其實還有植入式的電極方法。主要是追求更小範圍與更精準的量測目的，才會採用這類的方式，畢竟那可是要插針進皮膚底部的，需要有專業人員操作並確實消毒才可以的。

好了，了解了這麼多有關肌電訊號的內容，相信大家都和裕鐵克一樣躍躍欲試了吧！在下一章節就讓裕鐵克帶大家試著量測自己的肌電訊號吧！

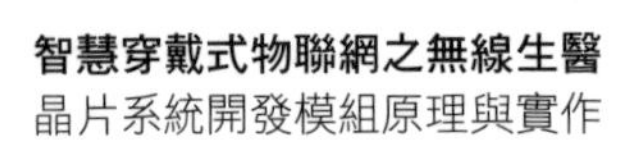

4.1 大肌肉的你有多會放電？一量就知道啦！肌電訊號量測入門

看了有關肌肉電訊號傳導的知識後，跟著裕鐵克一起來看看真實的肌電訊號會是什麼樣子吧！利用 TriAnswer 這個包含藍牙功能與微控制器的生理訊號感測模組，能將你的生理訊號傳到手機呈現。

1. 參考 4.1 章或附錄 A 的 TriAnswer 操作說明，將 Tri_EMG 子板插上 Tri_BLE 後，透過手機連上藍牙吧！
2. 點擊第一個視窗的 Stop 按鈕，切換速度為 Fast。

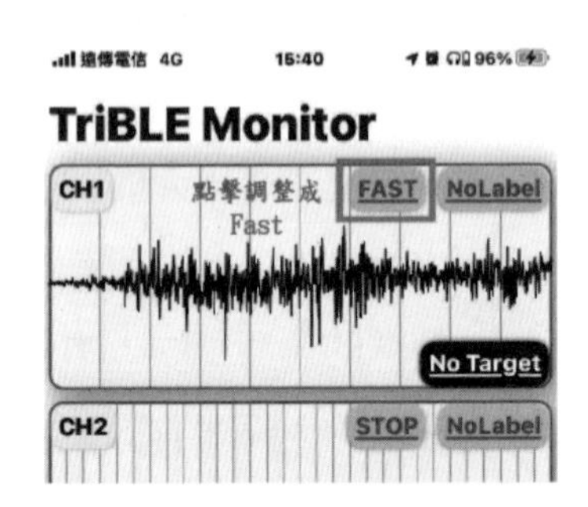

3. （1）將電線鈕扣端扣上電極。
   （2）接線端任意插上 Vin+、Vin-。
   （3）電極撕開貼紙貼到慣用手手臂，嘗試握拳觀察訊號。

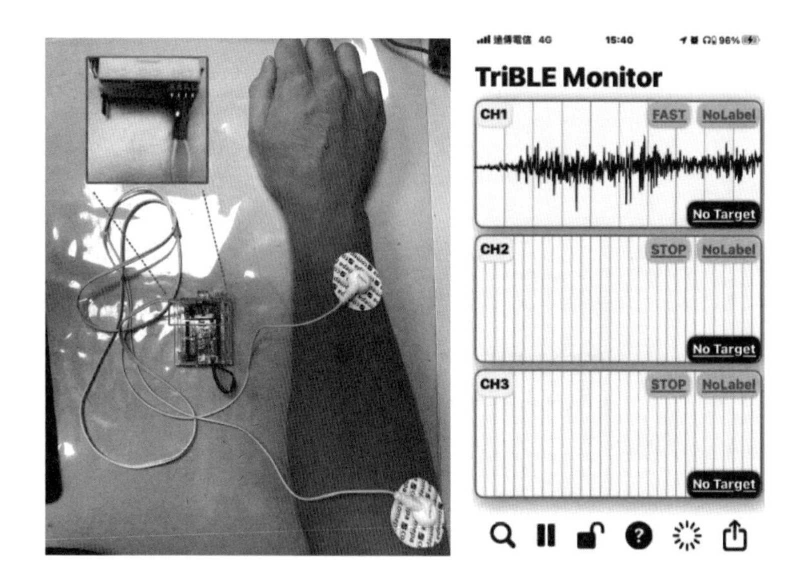

4. 波形穩定後按下紀錄按鈕，再次按下紀錄按鈕即會停止紀錄。在下一堂課會請大家試著將量測到的肌電訊號儲存下來分析，這堂課我們有其他的任務要完成。

成功量測到自己的肌電訊號後，在進入分析的課程之前，裕鐵克這邊有一些觀念想先和各位同學介紹。在過去的課程雖然都有接觸過一些頻率相關的訊號處理，但對於頻域訊號的處理一直沒有深入的介紹，這邊就讓裕鐵克帶大家更清晰地了解頻域的原理吧！

頻域訊號的處理最基本包含四種，如圖 4-3 所示是理想的低通、高通、帶通和帶拒濾波器，最簡單的理解方式其實就把他們當作一塊布，能夠把特定頻帶的訊號蓋掉，只保留剩下的頻率的訊號。

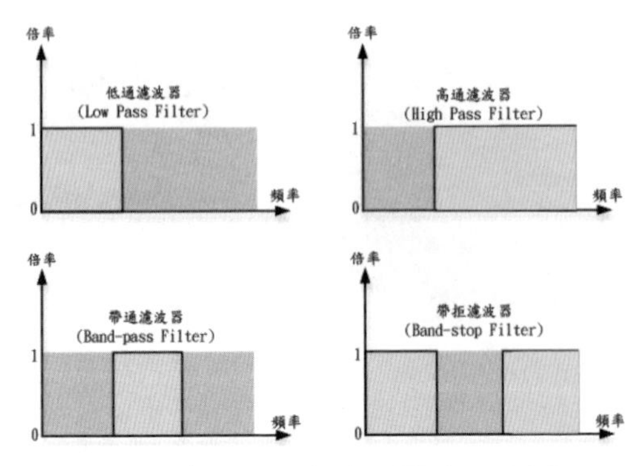

圖 4-3｜四種理想濾波器之示意圖

資料來源：作者繪製。

讓裕鐵克以圖 4-4 舉例說明好了，理想的白噪音是一種在高、中、低頻都有訊號的聲音，若把這種訊號帶入到各個不同的濾波器中，出來的效果便會截然不同，實際的效果請參考下面這張示意圖，深色色塊是濾波後還保留著的聲音頻帶，而淺灰色即是被濾除的部分。

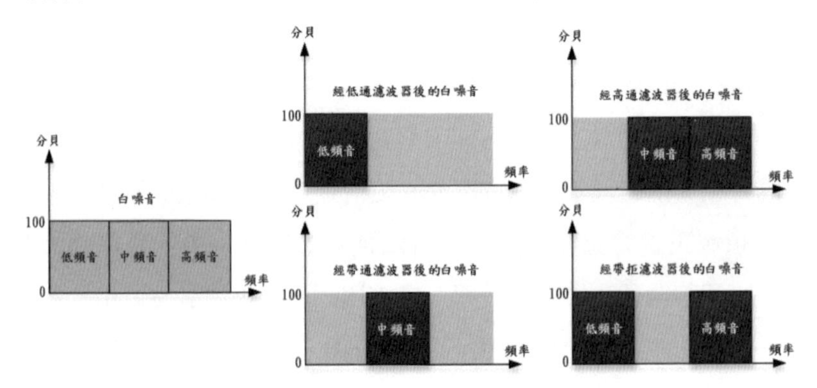

圖 4-4｜白噪音經四種理想濾波器處理後之結果呈現

資料來源：作者繪製。

濾波的概念非常重要，因為其實在大部分的量測中，我們的環境都會存在各式雜訊進而影響量測到的訊號，比如說人體的擺動就是一種較為低頻的雜訊；插頭的供電也會造成中頻的雜訊干擾；再來是到處發生的無線電波、WiFi 則是在人體訊號檢測中較為常見的高頻雜訊。因此在進行主要的分析之前，透過這些濾波器，就能夠將不必要的雜訊濾除，來提高分析的解析度與效率。

那具體濾波的頻率應該要選在哪邊才好？這個問題就要回到你量測的訊號主要分布在哪個位置。像是過去我們量測的心電訊號，主要會落在 0.02~150 赫茲之間，[1] 而這個章節要量測的肌電訊號則會落在比較高頻，主要會落在 20~400 赫茲之間。[2] 在這一小節，就讓我們先再實作一些濾波器的練習，實際肌電訊號處理的挑戰就先留給下一小節吧！

在這個小節的練習，我設定了三個不同頻率的弦波訊號並加以混搭，再透過 FFT 頻域轉換函式，讓大家理解時域訊號和頻域訊號之間的關係。之後再針對三種不同的濾波器，高通、低通和帶通濾波器，來理解時域訊號經過濾波器後的樣貌。事不宜遲，大家快上 Colab 來實作「肌電訊號量測實作單元（一）」吧！對 Colab 不太熟悉的同學可以參考附錄 B 的操作教學。

---

1 Jhon G. Webster ed.(1998), *Medical Instrumentation: Application and Design*. New York: John Wiley & Sons, Inc.

2 A. van Boxtel(2001), "Optimal Signal Bandwidth for the Recording of Surface EMG Activity Offacial, Jaw, Oral, and Neck Muscles." *Psychophysiology* 38(1): 22-34.

4.2 給我再用力一點！我知道你在偷懶！肌電訊號時域分析肌肉力道

嗨，大家好，裕鐵克我又來啦！在正式分析大家自己的肌電訊號之前，延續上次濾波的課程，讓裕鐵克用自己的肌電訊號示範，進行濾波並和大家講解實務上這種訊號有什麼特徵吧！

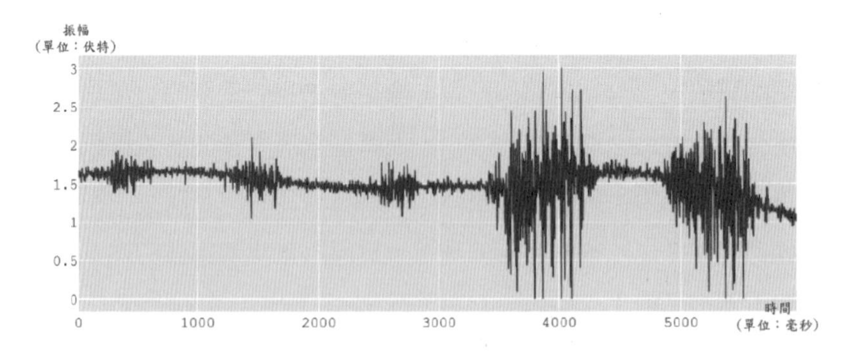

圖 4-5｜片段之原始肌電訊號

資料來源：實驗介面。

圖 4-5 是裕鐵克先前紀錄的原始肌電訊號片段，可以觀察到訊號因為握拳出力而有點像波浪般微微上下浮動，試著以頻帶 20~400 赫茲的帶通濾波器對訊號進行濾波後，可以觀察到圖 4-6 下面的訊號平穩許多。這樣的濾波動作非常重要，能為接下來的分析提供更乾淨的訊號，打下穩固的基礎訊號分析。

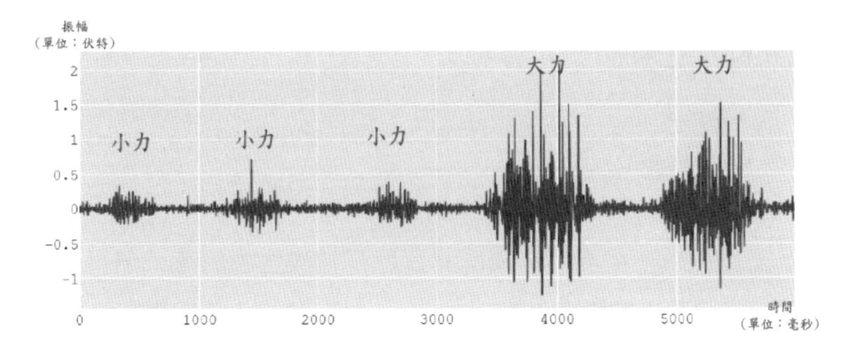

圖 4-6｜片段經帶通濾波後之肌電訊號

資料來源：實驗介面。

接著請大家再觀察一次圖 4-6 中裕鐵克的肌電訊號，這是裕鐵克紀錄右手前臂出力時的狀況，可以發現到，肌電訊號因為是數組肌肉的神經訊號疊加的結果，訊號非常雜亂，但也並非沒有規則可循。其中一個最主要的規則是，出力的力道越大，作用的肌肉組數越多，部分疊加起來的振幅會比力道小的振幅高出許多。了解這樣的規則，在分析上就可以有切入點來實作囉！

根據論文研究，[3] 學術在時域的分析上有幾種常見的方法，包含方均根值（root mean square, RMS）、積分肌電值（integrated electromyography, IEMG）、移動平均法（moving average, MA）。以下逐一介紹給大家：

---

3 蔡政龍（2006），《肌電圖強度與速度分析於機器手臂控制之應用》（*Analyzing Human EMG Signal and Movement Velocity for Robot Control*）。國立交通大學碩士論文。

$$RMS=\sum_{i=0}^{n} x_i^2/n,\ i=1,2,3...n \quad (4.2.1)$$

$$IEMG=\frac{1}{N}\sum_{k=0}^{N}|X_k| \quad (4.2.2)$$

方均根值（RMS）的概念其實就是把集合中的每一項平方相加，最後再除以總數。以數列 a_n 和 a_m 做範例，試著求出其 RMS 並觀察其結果：

$$a_n=-5,-4,4,5$$

$$a_m=-2,-1,1,2$$

$$RMSa_n=\left(\frac{(-5)^2}{4}\right)+\left(\frac{(-4)^2}{4}\right)+\left(\frac{4^2}{4}\right)+\left(\frac{5^2}{4}\right)=\frac{(\quad)}{4}=(\quad)$$ *請試著算出答案*

$$RMSa_m=\left(\frac{(-2)^2}{4}\right)+\left(\frac{(-1)^2}{4}\right)+\left(\frac{1^2}{4}\right)+\left(\frac{2^2}{4}\right)=\frac{(\quad)}{4}=(\quad)$$ *請試著算出答案*

積分肌電值（IEMG）的概念則是把集合中的每一項取絕對值後相加，最後再除以總數。以數列 a_n 和 a_m 做範例，試著求出其 IEMG 並觀察其結果：

$$IEMGa_n=\frac{|-5|+|-4|+|4|+|5|}{4}=\frac{(\quad)}{4}=(\quad)$$ *請試著算出答案*

$$IEMGa_m=\frac{|-2|+|-1|+|1|+|2|}{4}=\frac{(\quad)}{4}=(\quad)$$ *請試著算出答案*

數列 a_n 和 a_m 其實是嘗試模擬力道大和力道小時的肌電訊號，實驗時可以發現到，由於力道大的振幅會在數字 0 之間擺盪，透過平方和取絕對值的技巧，能夠將這些振幅轉正，在平均時得以反映其物理意義，而不會被正負抵銷。

而還有一種方法為移動平均法（MA），其概念為將此項與前 N 項取平均。舉例將數列 a_x 以 N=4 進行移動平均法計算會得到 a_y，詳細的轉換過程於圖 4-7 中，而轉換結果以折線圖呈現如圖 4-8。可以觀察到 MA 能將較劇烈的折線轉化為較和緩的曲線，在實測肌電訊號時，這種振動、變化幅度較劇烈的訊號能夠獲得不錯的特徵效果。

$$MA_{N=4}=\frac{1}{N}\sum_{k=3}^{M}(a_{k-3}+a_{k-2}a_{k-1}+a_k) \qquad (4.2.3)$$

$$a_x = 1,5,3,7,11,9,13,9,11,7,3,5,1$$

$$a_y = 4,6.5,7.5,10,10.5,10.5,10,7.5,6.5,4$$

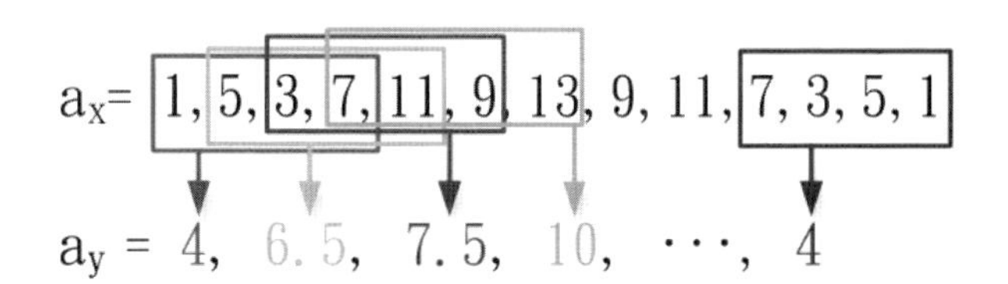

圖 4-7｜取 a_x 以 N=4 平均振幅法之示意圖

資料來源：作者繪製。

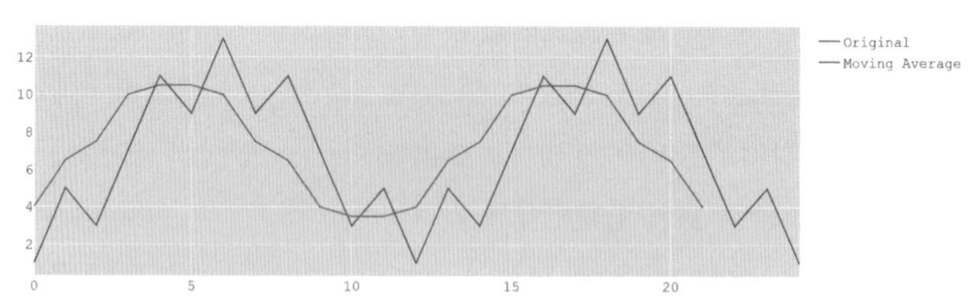

圖 4-8｜數列取移動平均法之折線圖

資料來源：實驗介面。

接著，試著將濾波過的肌電訊號如圖 4-9，以 RMS 方法和 IEMG 方法進行分析，取 50 毫秒的時間間隔做計算，結果會如圖 4-10 與圖 4-11。

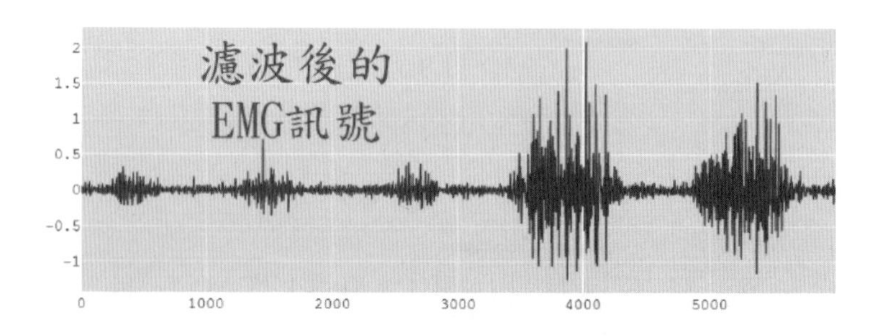

圖 4-9｜經濾波後的肌電訊號

資料來源：實驗介面。

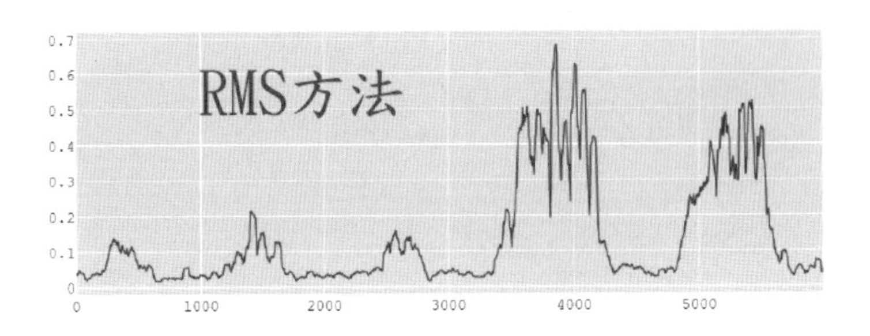

圖 4-10｜以 RMS 方法分析 EMG 訊號

資料來源：實驗介面。

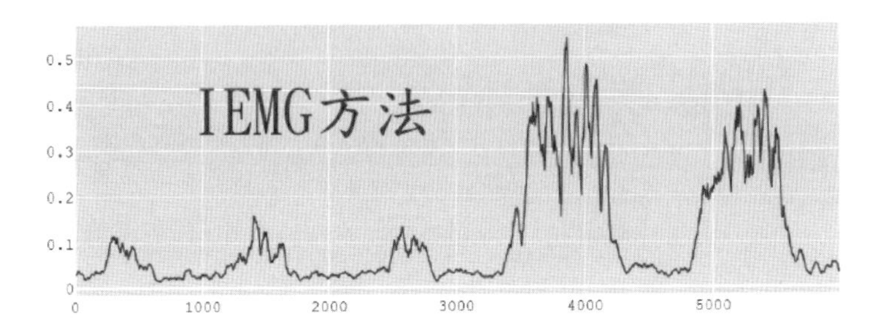

圖 4-11｜以 IEMG 方法分析 EMG 訊號

資料來源：實驗介面。

可以觀察到，取 50 毫秒且採用 RMS 方法或 IEMG 方法對肌電訊號的效果雷同，和濾波後的肌電訊號相比，已能呈現大致肌力表現，但此次的結果似乎還能再調整，下面再試著應用 MA 方法，取 200 毫秒進行實作，將此次結果再優化，結果如圖 4-12 與圖 4-13。

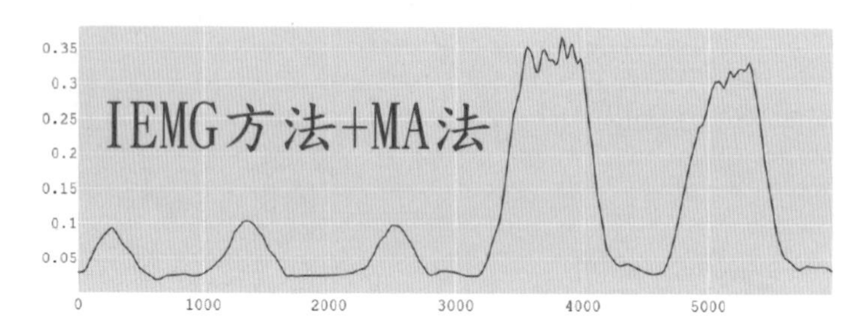

圖 4-12｜以 IEMG+MA 方法分析 EMG 訊號

資料來源：實驗介面。

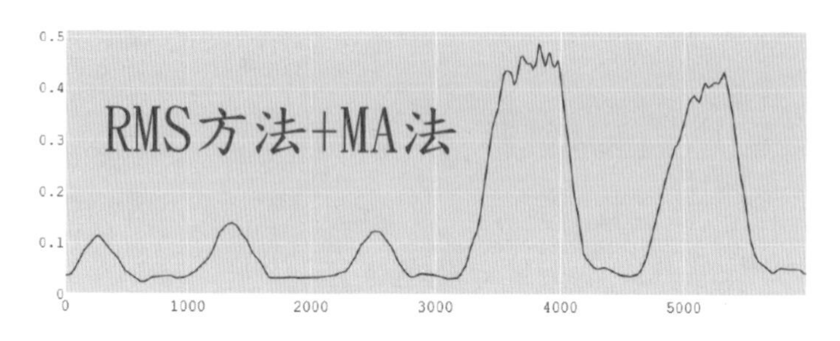

圖 4-13｜以 RMS+MA 方法分析 EMG 訊號

資料來源：實驗介面。

裕鐵克介紹完了肌電訊號濾波處理與後續時域的分析方法，接下來就換大家也試著處理並分析自己的肌電訊號吧！參考上一章節利用 TriAnswer 錄製自己肌電訊號的說明，試著以 0.5 秒左右間歇地握拳，觀察自己力道大和力道小狀態下的肌電訊號，並錄製下來。完成錄製後上 Colab 來實作「肌電訊號量測實作單元（二）」，對 Colab 不太熟悉的同學可以參考附錄 B 的操作教學唷！

在完成初步的練習後，這邊也再提供兩個想法給大家。

1. 如果在 RMS 和 IEMG 改成更長的時間間隔（如 200 毫秒）實作演算法又會如何呢？
2. 瞬間力道小波形振福小；瞬間力道大波形振福大，那如果持續以最大力道握拳施力持續到最後，波形又會如何呢？

 4.3 教練這一組我真的不行了！不信你看我的肌電訊號！肌電訊號頻域分析肌肉疲乏

大家好，裕鐵克我又來啦！在上一章節帶大家實作了肌電訊號的時域分析，了解肌肉施力過程與肌電訊號的關係。而在最後不知道大家是否有嘗試觀察「持續最大握拳施力」的實驗，在這個實驗中大家應該可以觀察到肌電訊號波形的大振幅並不能維持太長時間，振幅隨著肌肉疲乏而下降，但除了振幅這種時域的變化，根據肌肉運作原理，肌電訊號在頻域也會有所轉變，進一步能得到肌肉疲乏的客觀數據。

前面章節有提到，肌肉的收縮是透過神經傳導來控制，神經電位的躍升速度也是反映肌肉狀態的一個很重要的指標，在肌肉狀態很好的時候，神經電位躍升的速度迅速；肌肉疲乏的狀態下，神經電位躍升的速度則慢。依據這樣的運作原理，結合肌電訊號為數組肌肉的綜合呈現的概念，在肌電訊號頻域分析裡，學術上歸納了兩

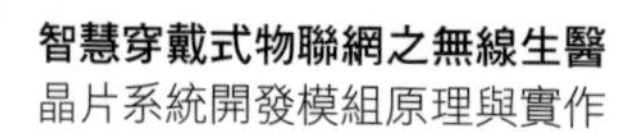

種較具指標性的參數，[4、5] 分別為中位頻率（median frequency, MF）和平均功率頻率（mean power frequency, MPF）。

在深入了解 MF 和 MPF 之前，為了讓大家能夠更清晰地理解觀念，這邊讓裕鐵克稍微和各位再複習一下工程上的頻域分析之王——快速傅立葉轉換（Fast Fourier transform, FFT）分析吧！

在這次的介紹裕鐵克我會告訴你 FFT 的幾項特質，並不會有可怕的數學推導，因此大家可以安心使用。進入正式的介紹前，我想先請大家試著回答我，下面圖 4-14 這個弦波是幾赫茲的弦波呢？

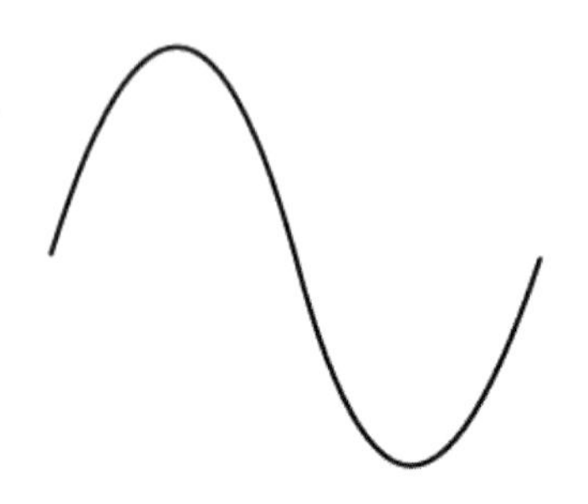

圖 4-14｜弦波示意圖

資料來源：作者繪製。

---

4 蔡政龍（2006），《肌電圖強度與速度分析於機器手臂控制之應用》（*Analyzing Human EMG Signal and Movement Velocity for Robot Control*）。國立交通大學碩士論文。

5 Lejun Wang, Yuting Wang, Aidi Ma, Guoqiang Ma, Yu Ye, Ruijie Li and Tianfeng Lu(2018), "A Comparative Study of EMG Indices in Muscle Fatigue Evaluation Based on Grey Relational Analysis during All-Out Cycling Exercise." *Biomed Res Int*. Aritle ID 9341215.

想必大家一定回答不出來，因為我並沒有給大家時間資訊，不知道這個弦波一次的週期是在幾秒內完成的。因此在一個弦波訊號或甚至任一種資料，他的時間資訊都是非常重要的！以圖 4-15 為例，同樣的波形，不同的時間資訊就會是完全不同的弦波。

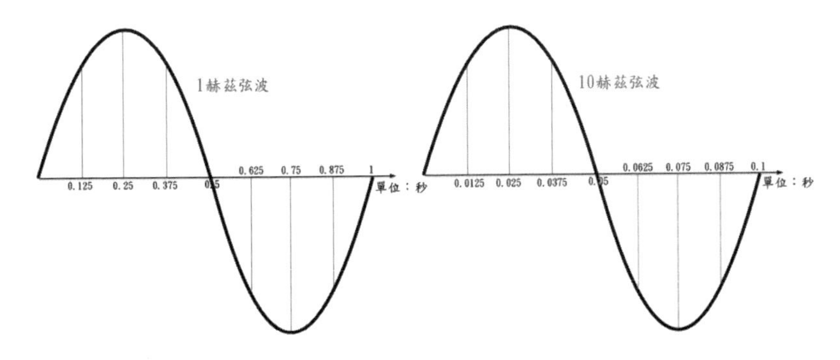

圖 4-15｜帶有時間單位的 1 赫茲弦波與 10 赫茲弦波

資料來源：作者繪製。

這邊進一步要告訴大家在使用 TriAnswer App 時的一個功能說明，還記得在紀錄之前，我都會請大家要把某個按鈕點成「Middle」或「Fast」，那其實就與時間單位有關，在設定上 Middle 會以 500 赫茲的速度紀錄資料；Fast 則會以 1000 赫茲的速度紀錄資料。我們稱這筆資料的「取樣頻率」分別是 500 赫茲或 1000 赫茲，1 秒內分別會收集 500 個或 1000 個資料，每個資料的間隔分別為 0.2 毫秒或 0.1 毫秒。看到一個弦波要知道這個弦波的資料間隔點是多少，才能夠定義這個弦波的頻率。

在進行 FFT 時也一樣，必須要告訴程式你是用多快的取樣頻

率，才能夠算出正確的頻域資料，否則最後給出的頻域資訊是會有落差的。而收到一筆資料與該資料的取樣頻率後，FFT 就能夠為你計算出這段資料轉換到頻域，由低到高的頻率分別帶有多少能量囉！

那再下一個問題，取樣頻率 500 赫茲的設定下，有可能紀錄到 1000 赫茲的弦波嗎？答案和大家猜想的一樣，不能！要收集到 1000 赫茲的弦波得要用更高的取樣頻率才行。在工程上現今的共識是，想紀錄到多少赫茲的訊號，最少要用其兩倍的取樣頻率來紀錄，上面這個例子來說就是要至少 2000 赫茲的取樣頻率才能收集到 1000 赫茲的弦波訊號。

FFT 沿用這個概念，在 1000 赫茲的取樣頻率下，他能為你帶來的頻域資料，也就只會是在 500 赫茲以下的頻域資料唷，這樣的觀念主要會應用在 Python 實作，大家這邊筆記可得先做起來啦！

回到 MF 和 MPF，他們各自的數學定義如下：

$$MF=\int_{0}^{MF}P(f)df=\int_{MF}^{\infty}P(f)df=\frac{1}{2}\int_{0}^{\infty}P(f)df \qquad (4.3.1)$$

$$MPF=\frac{\int_{0}^{\infty}P(f)\cdot f\cdot df}{\int_{0}^{\infty}P(f)df} \qquad (4.3.2)$$

直觀來理解這兩個參數的話，先透過 FFT 將肌電訊號各個由慢到快的頻段所包含的能量計算出來後，MF 就是整段訊號能量加總後，總和的中點頻率位置；MPF 則是將 FFT 結果中，頻率位置乘上該頻率的能量值後，再去除以總能量，有點像是取加權平均的概念。

最重要的是 WHY？為什麼要這麼做呢？

還記得前面提到疲乏的肌肉伴隨的是較慢的神經傳導，想像總能量是所有肌肉的肌電訊號疊加後的展現，若越來越多組肌肉開始疲乏，隨之疊加在肌電訊號裡較慢的神經傳導電訊號也會越多，FFT 中低頻率的能量也因此被抬升。

MF 和 MPF 其實都是運用這樣的概念，低頻率的能量若增加，MF 的部分，整段訊號總能量的中點位置便會往前移動；而 MPF 的部分，頻率位置乘上該頻率的能量值也會下降。到此，可以歸結出：隨著肌肉疲乏程度越高，MF 與 MPF 的數值隨之下降。

看了這麼多原理和觀念，想必大家都已經蓄勢待發，期待接下來的 Python 實作與分析課程了吧！就跟著裕鐵克的腳步，Check it out！參考 4.1 小節 TriAnswer 量測肌電訊號課程，試著錄製持續 10~20 秒出力握拳的肌電訊號，觀察自己逐漸疲勞的肌肉下的肌電訊號吧！錄製完成後，上 Colab 來實作「肌電訊號量測實作單元（三）」，對 Colab 不太熟悉的同學可以參考附錄 B 的操作教學唷！

完成實作課程的大家辛苦了。雖然在這次的分析中，大家能夠透過 MF 和 MPF 的變化了解自己肌肉呈現較快或慢的神經傳導樣貌是如何，但裕鐵克這邊也要老實的和大家說一個祕密，其實除了肌肉疲乏，根據較新的學術研究發現，在施力減小的過程中也會出現 MF、MPF 下降之情形，因此，為了能更精準的判別肌肉疲乏的狀態，在論文中提出了一種名為 JASA 的分析方法，[6、7] 提到除了 MF，進一步結合施力的力道大小（如 RMS 方法或 IEMG 方法）能夠更精準的分析肌肉疲乏的狀態。

雖說在前一章節大家已有 RMS 方法和 IEMG 方法的知識，但要確實量化施力大小，可能還是得去健身房，搭配固定負重的啞鈴來做實驗才會是最精準的！這個部分就留給大家未來有機會去挑戰吧！

該如何自製實驗課程（二）的證書與報告呢？

（1）下載 4.2 單元程式實作的肌電訊號與 4.3 單元程式實作的 MF 與 MPF 變化圖。

方法一：利用 Colab 內建截圖功能（Tips：可以利用照相機旁邊的放大鏡的功能來框選想要的圖片範圍）。

方法二：利用電腦內建功能，如 window 的「剪取工具」、MAC 的截圖功能（shift+alt+4）。

（2）點擊連結填寫測試結果與個人資料，生成專屬的精美證書與報告：Yutech 證書生成網頁（https://myku0814.github.io/

6 Lejun Wang, Yuting Wang, Aidi Ma, Guoqiang Ma, Yu Ye, Ruijie Li and Tianfeng Lu(2018), "A Comparative Study of EMG Indices in Muscle Fatigue Evaluation Based on Grey Relational Analysis during All-Out Cycling Exercise." *Biomed Res Int*. Aritle ID 9341215.

7 M. Lowery and M. Christopher(2000), "Spectral Compression of the Electromyographic Signal Due to Decreasing Muscle Fiber Conduction Velocity." *IEEE Transaction on Rehabilitation Engineering* 8(3): 353-361.

Certificate/lab2.html）進入網頁，填寫資料，上傳課程圖片與成果！

Yutech

試穿戴實驗課程(二)證書

生日 2012/10/15

自拍照 自拍.jpg

IEMG+MA處理後的肌電訊號 IEMG+MA處理後的肌電訊號.png

肌電訊號的MF與MPF的變化 整段出力過程肌電訊號的MF與MPF的變化.png

（3）完成課程並找到密碼輸入「證書金鑰」，點選產生證書，輸出PDF，即可獲得精美報告（Tips：列印欄位的設定選項中，將「頁首及頁尾」取消勾選，即可屏蔽網頁資訊）。

CHAPTER 5

實驗課（三）你在看哪裡？眼電圖訊號量測原理與實作

 5.0 前導篇：眼電訊號是什麼？難道我的眼睛會放電？眼電訊號基本介紹

大家好，我是裕鐵克，今天裕鐵克要和大家介紹的是眼電訊號（electro-oculogram, EOG），它原生自結構複雜的視網膜上的電位變化，在各個領域都能夠找到 EOG 的蹤影。在科學上有許多研究是透過追蹤眼睛與眼球的動作，進行病理的分析，在醫學上也有許多關於視網膜或眼球相關病理的判讀應用。

其中，在眼球追蹤的這個應用更是十分地廣泛，在睡眠的這個學門裡，除了腦波和上個章節談到的肌電圖的量測外，一個很重要的訊號就是眼電訊號（EOG）。睡眠期的判別在睡眠品質的評估中可是占據很重要的地位，一般人的睡眠大略可以分成初期的淺眠時期、深層睡眠時期和快速眼動睡眠（Rapid-eye-movement sleep, REM Sleep），[1] 在這個 REM 期，人的眼球會快速地擺動，快的甚至可以到角速度 492°/秒，[2] 當然，並不是說你的眼球可以轉超過 360°，而是眼球會在極短的時間（如 0.1 秒）內快速地跳動，甚至有一個專有名詞被用來定義眼球的這種行為，稱作「眼跳（Saccade）」。那你說，眼球這麼快速地跳動，肯定很好察覺的不是嗎？傻孩子，你在睡覺的時候眼睛可是閉著的呢！於是乎，EOG 便成了判斷睡眠

1 石苓鈺（2021），〈睡眠你知多少事？簡說睡眠正常生理結構〉，第一醫院。網址 http://www.di-yi.com.tw/case-list/item/304.html

2 Kazumi Takahashi and Yoshikata Atsumi(1997), “Sleep and Sleep States Precise Measurement of Individual Rapid Eye Movements REM Sleep of Humans Sleep.” *American Academy of Sleep Medicine(AASM)* 20(9): 743-752.

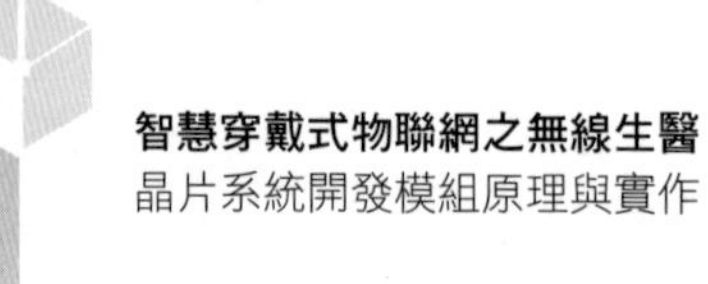

階段的一大利器。

而除了睡眠的應用，眼球追蹤還有幾個較常見的應用，其中幾項是眼動滑鼠和測謊機。眼動滑鼠的概念裕鐵克猜想對大家應該並不陌生，在有些電視影集或電影會看到，可以在智慧型眼鏡或其他螢幕上，透過追蹤眼球的動向，來移動螢幕鏡片或螢幕的滑鼠，藉以達到控制鼠標的功能。[3]

另一方面，測謊機的概念則是在犯罪學與情蒐單位被廣泛地應用，人類雖然在大部分的表情中能夠演示地自然，但是在一些微表情（例如嘴角、眼睛）的表現上卻是相對難以掩蓋的。在與特定目標的質詢或對話中，利用眼球追蹤能夠臆測受測者目前在說出口的是源自事實或編造的故事。這樣的研究也在近期被透過人工智慧團隊歸納出了下面圖 5-1 中的六種狀況，讓 EOG 的應用能夠更廣泛地發展。

EOG 的量測位置主要是在眼睛周圍的水平與垂直位置，電位變化會在眼球上下左右跳動的過程中改變，甚至眨眼也都會有不同的訊號產生，詳細的圖示可以參考示意圖如圖 5-2。可以觀察到 EOG 的訊號主要會是一個瞬間的電壓抬升或下降，並在眼球轉回正面時回到原點位置，在基本的分析上不會需要太複雜的演算法，主要會透過斜率的計算來分析眼球的動作。在下一個單元中，裕鐵克會帶大家實作的是水平的 EOG 訊號，並根據量測到的訊號進行分析與呈現。

---

3 好奇心日報，〈Jins Meme 智能眼鏡｜設計〉。網址 https://kknews.cc/zh-tw/tech/eno8pey.html

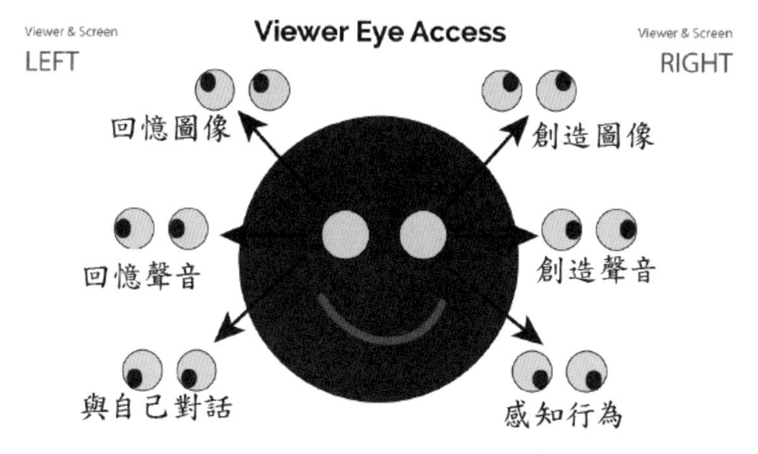

圖 5-1｜以人工智慧歸納出的眼球動作與內心意圖連結

資料來源：Anna Hausfeld(2014), “5 Tips for More Effective Web Design Layouts using NLP.”

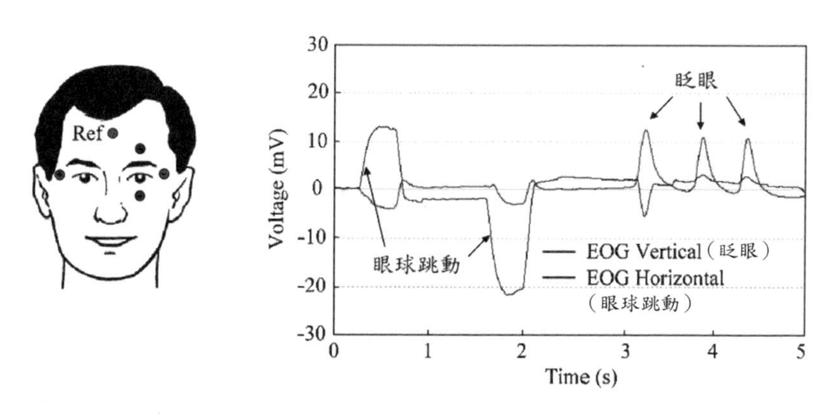

圖 5-2｜EOG 的量測位置與示範波形圖

資料來源：Alberto López , Francisco Ferrero and Octavian Postolache(2019), “An Affordable Method for Evaluation of Ataxic Disorders Based on Electrooculography.” *Sensors* (Basel) 19(17): 3756.

 5.1 你剛剛是不是往右看了？是不是在偷偷想什麼？眼電訊號量測與分析

大家好，又是我裕鐵克啦！了解許多有關眼電訊號（EOG）的大小事後，你是不是也對 EOG 更有興致了呢？這邊裕鐵克利用自己錄製的 EOG 訊號來跟大家進一步介紹吧！圖 5-3 中可以看到裕鐵克在左看右看的過程中眼電訊號的變化，可以觀察到眼電訊號是一種會驟升驟降的訊號，以這樣原理透過斜率的計算就能循跡回推眼球的位置了。

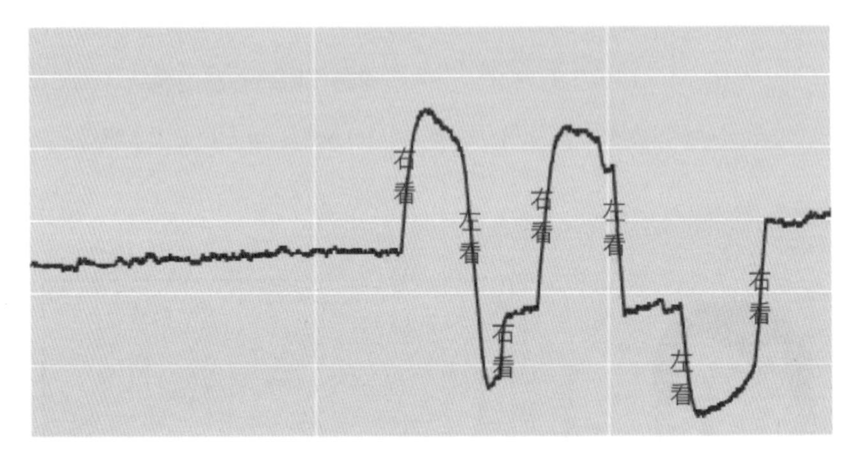

圖 5-3｜EOG 實例與眼動標示

資料來源：實驗介面。

透過斜率公式轉換後的資料就是眼球經過左移右移後的位置（如圖 5-4）。單純使用數字來呈現，可能會讓大家較難感受到 EOG 訊號的強大之處，裕鐵克借來了動畫製作程式，來幫助大家

把自己錄製下來的 EOG 訊號，轉換成一個可愛的眼球移動動畫，讓大家對 EOG 訊號的強大之處有更深的感受！

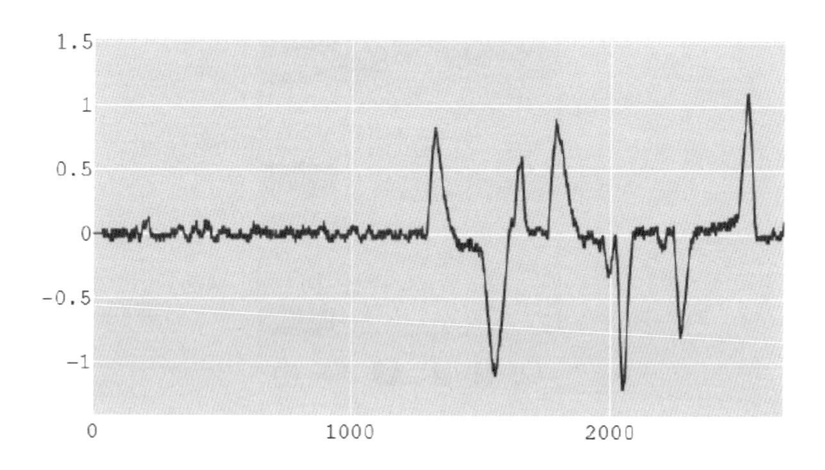

圖 5-4｜斜率公式轉換後的眼電訊號

資料來源：實驗介面。

接下來就利用 TriAnswer 這個包含藍牙功能與微控制器的生理訊號感測模組，將你的 EOG 訊號傳到手機看看吧。（EOG 訊號用 EEG 腦電模組量測即可（Tri_BLE+Tri_EEG））

1. 參考 4.1 章或附錄 A 的 TriAnswer 操作說明，將 Tri_EEG 子板插上 Tri_BLE 後，透過手機連上藍牙吧！
2. 先點擊第一個視窗的 Stop 按鈕，切換速度為 Middle。

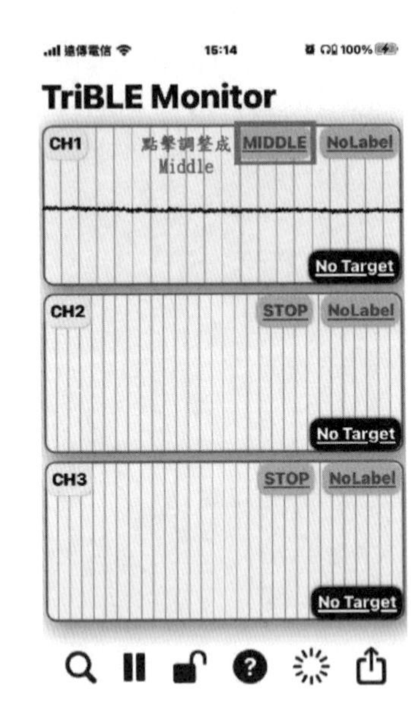

3. 實驗流程如下：

（1）將電線鈕扣端扣上電極。

（2）接線端任意插上 Vin+、Vin-。

（3）電極撕開貼紙貼到眼角或眉毛的尾端，觀察眼睛向右看時的訊號若不為向上，則交換圖中指示的插頭位置。並觀察眼睛往不同方向看時的訊號變化。

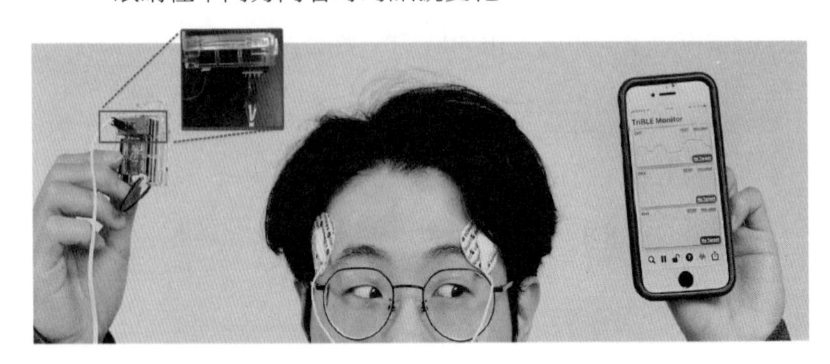

4. 完成前面步驟，待波形穩定後可按下紀錄按鈕，再次按下紀錄按鈕即會停止紀錄。

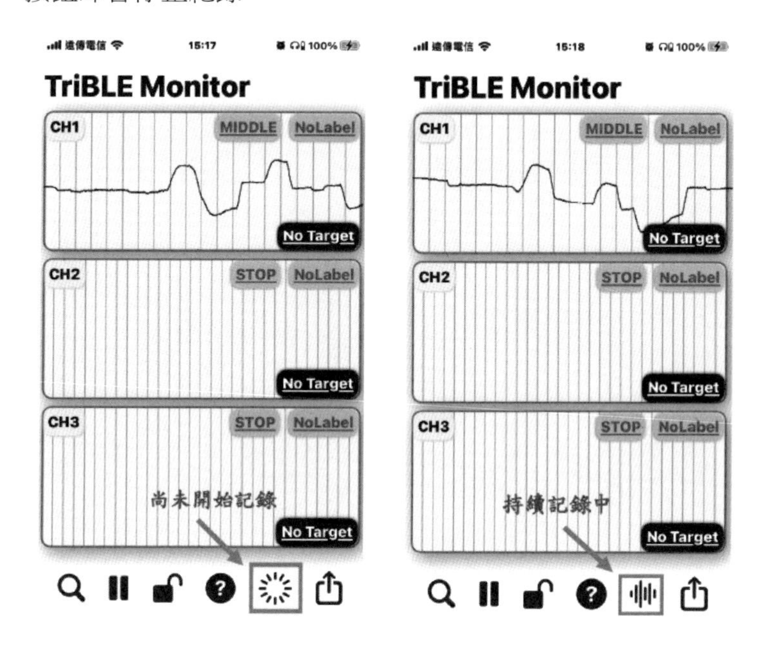

5. 待波形穩定後，試著紀錄超過 5 秒的眼球左右交替擺動的 EOG 訊號來分析看看吧！並按操作說明將紀錄檔案上傳到 Google 雲端，可隨時下載到桌面進行分析，之後在 Colab 上使用「眼電訊號量測實作單元（一）.ipynb」來進行實作課程，對 Colab 不太熟悉的同學可以參考附錄 B 的操作教學唷！

CHAPTER 6

實驗課（四）你壓力大嗎？光體積變化描記圖法（PPG）原理與實作

6.0 前導篇：蛤？光……光體積變化描記圖法？光體積變化描記圖法（PPG）基本介紹

喂！喂！喂！別看到這麼艱澀的中文字標題就退縮了呀！這可是 Covid-19 肆虐時期討論度最高的血氧濃度偵測技術核心呢，此外它還能用來進行無袖套式的血壓偵測。不用擔心，就讓裕鐵克來帶你一起深入淺出了解這個厲害的光體積變化描記圖法（Photoplethysmography, PPG）吧！

其實原理一點也不難，讓我們把全名拆解來看，光體積變化描記圖法，就是用光來紀錄體積變化的一種方法，大家看下面這張可能會更有畫面！圖 6-1 是紀錄指腹中隨著心臟跳動，微血管體積變化的圖例，用一組光源（LED 燈）來紀錄血管體積變化，其中的紀錄功能則是透過能感光的光二極體來實現，這樣的訊號統稱為 PPG 訊號。

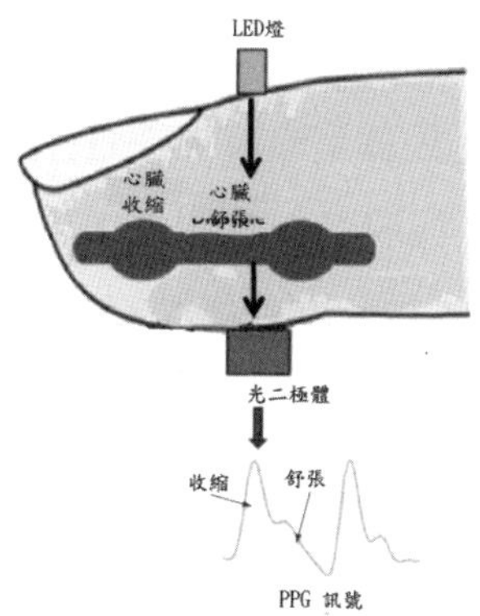

圖 6-1｜手指 PPG 訊號紀錄原理示意圖

資料來源：Shing-Hong Liu, Ren-Xuan Li, Jia-Jung Wang and Chun-Hung Su(2020), "Classification of Photoplethysmographic Signal Quality with Deep Convolution Neural Networks for Accurate Measurement of Cardiac Stroke Volume." *Applied Sciences* 10(13): 4612.

這時候，反應比較快的人可能會想到一個問題：為什麼這樣的光就能紀錄體積變化呢？其實主要的原理很簡單：鮮紅的血液吸收光線，越多的血液吸收越多的光線。就這樣血液體積的變化很直接地能反映到光線的強弱變化，進一步就能產生 PPG 訊號。

那是不是什麼樣的 LED 燈都能實現這樣的功能呢？其實不然，在抵達血管之前光線還得穿透我們的皮膚組織，其中存在的像是黑色素成分就會大量阻擋一些波長較短的光通過，當然除了黑色素也還有其他會影響光線行進的組織，最終在現行的科技中是主要採用綠光、紅光與紅外光這三種光源為主流。

若家人或朋友剛好有 PPG 量測裝置的人，可以在執行 PPG 量測時刻意將裝置翻過來看一下，應該就能夠發現量測點存在有光源，以 Apple Watch 為例，他們主要的 PPG 量測就是透過綠光來實現的。

了解完上面的 PPG 概念，血氧濃度偵測的內容就可以清楚說明了。血氧濃度簡略地說就是血液中的血紅蛋白，有多少比例的氧合血紅蛋白（HbO2）與脫氧血紅蛋白（RHb），也就是說，我們只要知道 HbO2 和 RHb 的比例就能推算血氧值。

以上面 PPG 訊號中光線吸收的概念，科學家發現，紅光和紅外光對 HbO2、RHb 的吸光係數有對比的現象，詳細的數據我們可以參考圖 6-2。圖中可以發現，HbO2 的線圖（靠左下）對紅光的吸收較差、對紅外光的吸收較好；RHb 則相反。根據這樣的原理，再經由一些演算法分析，就能夠從紅光與紅外光的 PPG 訊號回推血氧濃度了。

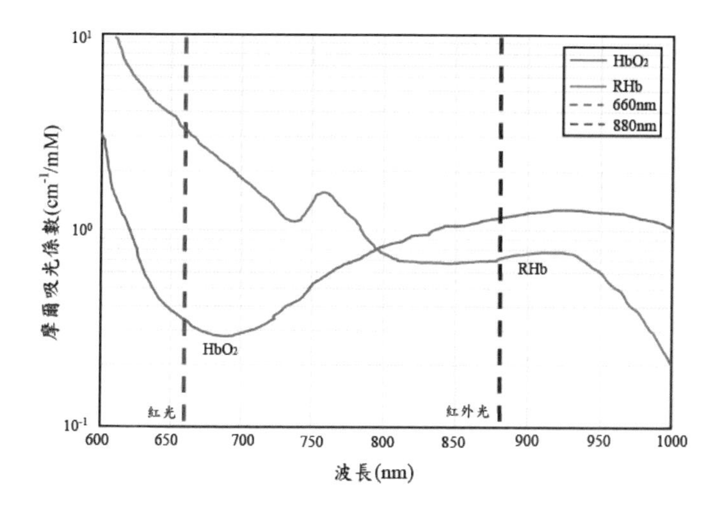

圖 6-2｜氧合血紅蛋白與脫氧血紅蛋白對不同波長下的吸收係數

資料來源：“Guidelines for SpO2 Measurement Using the Maxim® Max32664 Sensor Hub.” From https://www.maximintegrated.com/cn/design/technical-documents/app-notes/6/6845.html

另一方面，PPG 訊號也可作為無袖套式的血壓偵測使用，在學術界主要分成脈波波形分析法（Pulse Wave Analysis, PWA）和脈波波速分析法（Pulse Wave Velocity, PWV），不過我想大家在這個章節已經學了許多有關 PPG 的內容，這邊就讓裕鐵克賣個關子，更多的說明留在下個章節，連同實作一起學習吧！

6.1 照過來照過來！各位客倌快來看看你的脈搏！光體積變化描記圖法（PPG）量測入門

大家好，在上個章節的最後，裕鐵克賣了個關子告訴大家有關 PPG 訊號血壓量測的分析法大抵分成兩種，分別是脈波波形分析法（Pulse Wave Analysis, PWA）和脈波波速分析法（Pulse Wave Velocity, PWV），其實大家顧名思義應該也能夠猜到，脈波波形分析法就是單純依照 PPG 訊號的波形來進行分析，波形的範例可以參考圖 6-3，血壓的高或低反映到 PPG 訊號的波峰與各個波段的上升時間、上升速度等參數，[1] 另外也有研究是透過 PPG 訊號，試圖還原血管舒張、收縮時的血液流量，進而回推血壓值。[2]

而脈波波速分析法則是需要 PPG 訊號與第二訊號源相互比較，觀察血液從心臟流至 PPG 訊號源所耗費的時間來推測血壓為何。血液從心臟出發的時間點以心電訊號（ECG）的波峰算起，流經身體軀幹到手指的時間點以 PPG 訊號為止，這段期間被稱作脈波抵達時間（Pulse Arrive Time, PAT），可參看圖 6-3。

各種方法其實孰優孰劣倒沒有一個確切的定論，因為彼此都有相對的優點和劣點，脈波波形分析法雖然能僅僅透過單一訊號來分析血壓值，但卻需要仰賴較穩定且良好的訊號品質才能實現；相比之下脈波波速分析法只需要抓到兩種訊號的波峰，即可得知 PAT 時間，進而推測血壓值，對訊號品質的要求較低，在下一章會用此方法實作。不過這邊就讓我們先用 TriAnswer 來看看自己的 PPG 訊

---

1 Stephane Laurent, John Cockcroft, Luc Van Bortel, Pierre Boutouyrie, Cristina Giannattasio, Daniel Hayoz, Bruno Pannier, Charalambos Vlachopoulos, Ian Wilkinson and Harry Struijker-Boudier(2006), "Expert Consensus Document on Arterial Stiffness: Methodological Issues and Clinical Applications." *European Heart Journal* 27(21): 2588-2605.

2 Hangsik Shin1 and Se Dong Mincorresponding(2017), "Feasibility Study for the Non-invasive Blood Pressure Estimation Based on Ppg Morphology: Normotensive Subject Study." *Biomed Eng Online* 16: 10.

號究竟是如何吧！

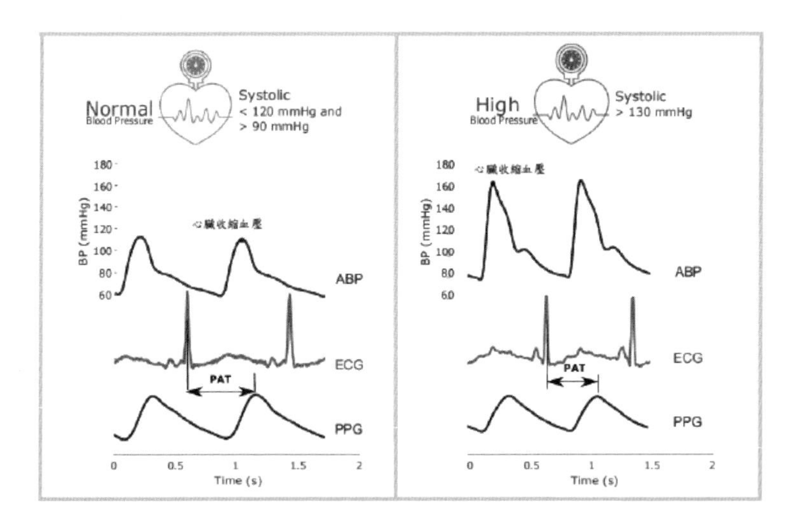

圖 6-3｜一般血壓與高血壓時的 PPG 訊號與 ECG 訊號示意圖

資料來源：Mohamed Elgendi, Richard Fletcher, Yongbo Liang, Newton Howard, Nigel H. Lovell, Derek Abbott, Kenneth Lim and Rabab Ward(2019), "The Use of Photoplethysmography for Assessing Hypertension." *NPJ Digital Medicine*. Article Number: 60.

來來來看過來，這邊是裕鐵克錄製的 PPG 訊號，在圖 6-4 可以觀察到 PPG 訊號其實和心電訊號有異曲同工之妙，原因正如大家所想 PPG 的起因於心臟收縮舒張的過程中，推送血液至 PPG 量測點（如手指、腳指、耳朵），因此脈波的形狀也會和心電訊號十分類似！單獨的 PPG 訊號當然也能夠計算心跳速率唷！透過在第四章學到的 find_peaks 函數，將 PPG 訊號的波峰抓出來，也就能進一步推算心跳速率（如圖 6-5）。

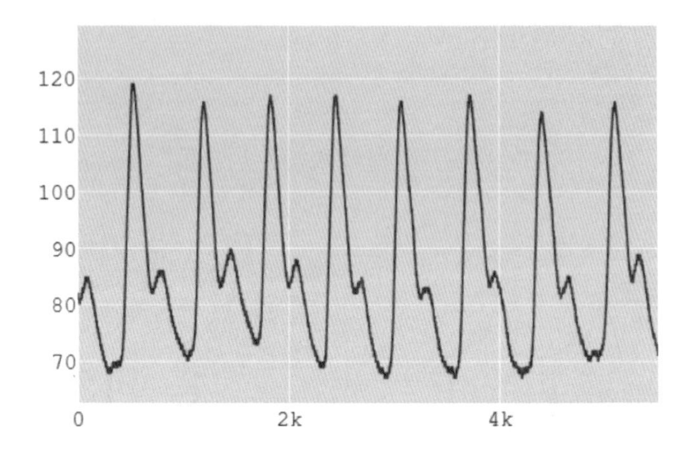

圖 6-4 | PPG 訊號實例

資料來源：實驗介面。

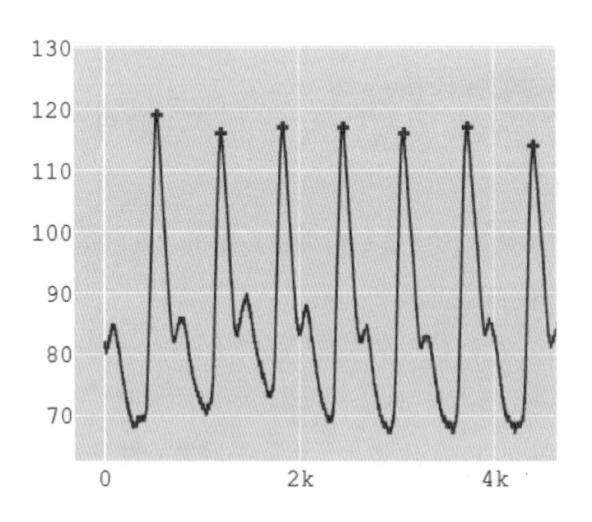

圖 6-5 | 透過 find_peaks 分析波峰後的 PPG 訊號實例

資料來源：實驗介面。

1. 接下來就利用 TriAnswer 這個包含藍牙功能與微控制器的生理訊號感測模組，將你的 PPG 訊號傳到手機看看吧！參考 4.1 章或附錄 A 的 TriAnswer 操作說明，將 Tri_PPG 子板插上 Tri_BLE 後，透過手機連上藍牙（注意！這次會使用 CH3 來實作）。
2. 先點擊第一個視窗的 Stop 按鈕，切換速度為 Fast（注意！這次會使用 CH3 來實作）。
3. 實驗流程如下：

   （1）將手指輕放於紅燈位置。

   （2）微調放置力道與位置直到訊號產生最大擺幅。

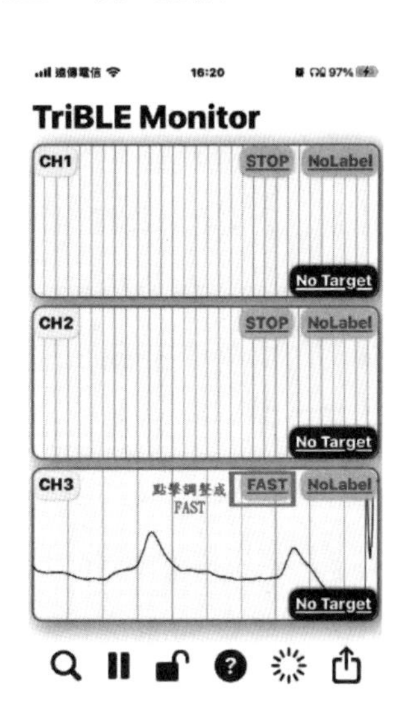

4. 完成前面步驟後，待波形穩定後可按下紀錄按鈕，再次按下紀錄按鈕即會停止紀錄。

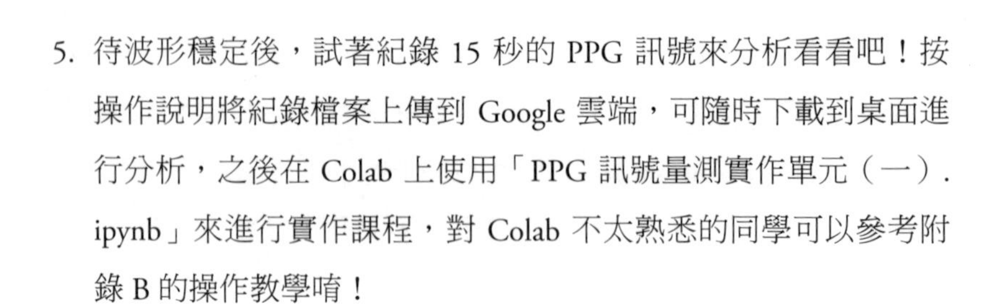

5. 待波形穩定後，試著紀錄 15 秒的 PPG 訊號來分析看看吧！按操作說明將紀錄檔案上傳到 Google 雲端，可隨時下載到桌面進行分析，之後在 Colab 上使用「PPG 訊號量測實作單元（一）.ipynb」來進行實作課程，對 Colab 不太熟悉的同學可以參考附錄 B 的操作教學唷！

6.2 簡單照一下就知道壓力大不大啦！我是說……血壓！光體積變化描記圖法（PPG）血壓基本分析

嗨嗨！大家好，上一章節有沒有好好地收集 PPG 訊號呀？在這一章節我們要利用 PPG 訊號，搭配心電訊號（ECG），以脈波波速分析法（PWV）來實作簡易的血壓分析演算法。雖然在前一章節有提到脈波波速分析法主要是觀察血液從心臟流至 PPG 訊號源所耗費的時間來去推測血壓為何，不過細節尚未和大家述說，這邊就讓裕鐵克花一些篇幅來和大家說明原委吧！

這一次的實作我們參考的是哥倫比亞大學 Fung 等人發表論文的內容，[3] 利用脈波波速分析法建立一個能夠換算心臟收縮血壓的公式。原理是從動能公式並考量位能差來實現，參看式子（1），F 即是推動血液的力，d 是從心臟流至 PPG 訊號源的距離，m 是血液的質量，v 則是這次推導的重點「脈波流速」，g 和 h 分別是重力

---

3 Parry Fung, Guy Dumont, Craig Ries, Chris Mott and Mark Ansermino(2004), “Continuous Noninvasive Blood Pressure Measurement by Pulse Transit Time.” *Conf Proc IEEE Eng Med Biol Soc*. 1: 738-741.

加速度與兩點高度差。

$$F \times d = \frac{1}{2} mv^2 + mgh \quad (1)$$

在了解完每一個參數的物理意義後，再來就可以直接將 F 代換成本次的主角「血壓」壓力的差值，如式子（2）表示，而這邊的可以理解成是血管的截面積。

$$F = \Delta BP \times a \quad (2)$$

將式子（2）代入式子（1）並移項整理後可以整理出下面這個式子（3）

$$\Delta BP = \frac{1}{2} \frac{m}{a \cdot d} v^2 + \frac{m}{a \cdot d} gh \quad (3)$$

雖然這個式子看起來很複雜，但其實大家可以很直觀地想像，m 是血液質量，a 是截面積，d 是距離，所以 $\frac{m}{a \cdot d}$ 其實就是血液濃度，可以採用 ρ 表示。而這邊的 v 是速度，還記得前一章提到的 PAT 嗎？有了運送時間，如何得到速度，不就是直接距離除以時間就能得到速度了嗎，也就是 $v = \frac{d}{PAT}$。將這兩個式子代入式子（3）可以得到下面的式子（4）：

$$\Delta BP = \frac{1}{2} \rho \frac{d^2}{PAT^2} + \rho gh \quad (4)$$

而根據論文提及，科學統計上這邊的血壓差大略會等於 0.7 倍的收縮血壓，因此最後我們可以得到公式（5）。

$$BP=0.7(\frac{1}{2}\rho\frac{d^2}{PAT^2}+\rho gh) \qquad (5)$$

重新檢視公式（5），大家可以注意到幾件事情，重力加速度也是定值，高度差基本上只要量測位置固定也會是個定值；而血液濃度基本上不會在短時間內有所變化，運送距離則可以量測手長或用（身高×0.6）去概略，最終公式（5）成為了 BP 和 PAT 平方的一元一次方程式，如公式（6）所示。

$$BP=A\times\frac{d^2}{PAT^2}+B \qquad (6)$$

至於脈波抵達時間（PAT）的計算上，要觀察血液從心臟流至 PPG 訊號源所耗費的時間，血液從心臟出發比較簡單，就是直接抓取心電訊號的波峰；抵達手指 PPG 訊號的時間點相對複雜，這邊請大家回想前導篇和大家介紹的 PPG 訊號原理，PPG 訊號是隨著血液量增減而起伏，在心臟收縮血液量驟增的瞬間，應該是 PPG 訊號驟升的瞬間，並非 PPG 訊號的最高點，因此實作上會先將 PPG 訊號微分再取其最高點。最後看 ECG 波峰的時間點和 PPG 訊號微分後最高點的時間差，就能估算 PAT 囉！

雖然目前為止我們看似得到了一個十分有力的公式來推算血壓，但裕鐵克在這邊也還是要請大家不要高興地太早，有幾個點是我們要銘記在心的，血壓差是收縮壓的 0.7 倍為一個統計數據，並非恆定值；每個人的血液濃度並非相同也並非恆定值；以手長或身高換算血液運送距離是概略值。以上幾點主要是想告訴大家，雖然我們得到了一個 PAT 轉換血壓的一元一次方程式，但每個人的方程式參數應該都會不盡相同，如果想要得到較準確的血壓值，中間需要一些校正才行。

下面裕鐵克會帶大家進行量測、分析與校正的流程，各位同學喝口水稍作休息之後，就跟著裕鐵克繼續往下走吧！在接下來課程，裕鐵克會引導同學們使用 TriAnswer 同時量測心電訊號（ECG）和 PPG 訊號，並將訊號紀錄上傳，透過 Python 練習上面講的分析方法。而 PAT 轉換血壓的方程式雖是固定的，但其中的參數校正還是會需要血壓計才能執行，因為每個人的血管和血液濃度等參數都會有所不同，因此現階段裕鐵克會以示範的方式呈現給大家，有興趣的大家也可以在事後照著裕鐵克的步驟訓練自己的方程式參數唷！

1. 利用 TriAnswer 這個包含藍牙功能與微控制器的生理訊號感測模組，將你的 ECG 和 PPG 訊號傳到手機看看吧！參考 4.1 章或附錄 A 的 TriAnswer 操作說明，將 Tri_ECG 和 Tri_PPG 子板分別插上 Tri_BLE 的第一、三通道後，透過手機連上藍牙（注意！這次會使用 CH1 和 CH3 雙通道來進行實作）。

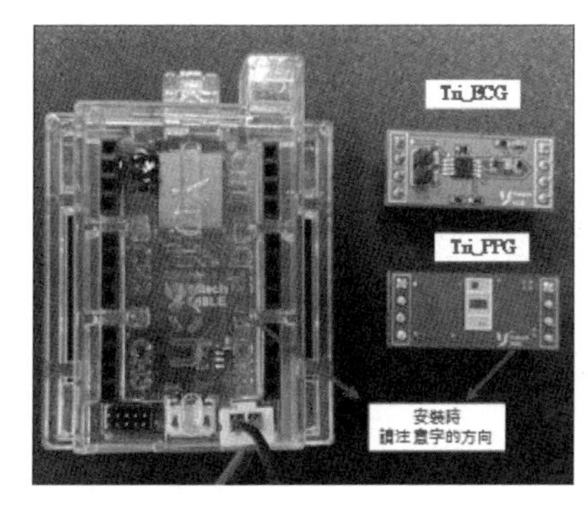

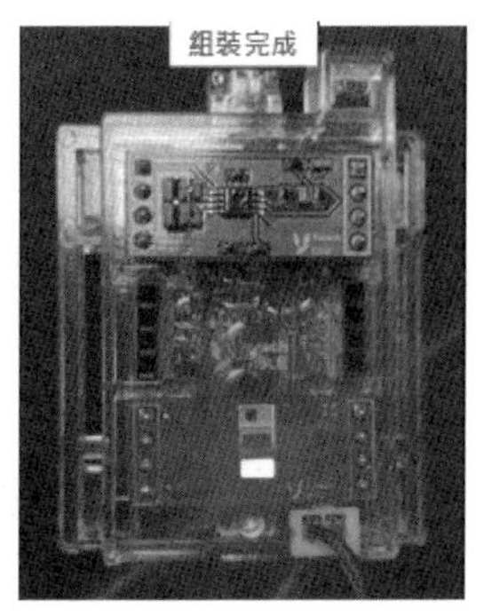

2. 點擊第一個視窗的 Stop 按鈕，切換兩通道的速度為 Fast（注意！這次會同時使用 CH1 和 CH3 來實作）。

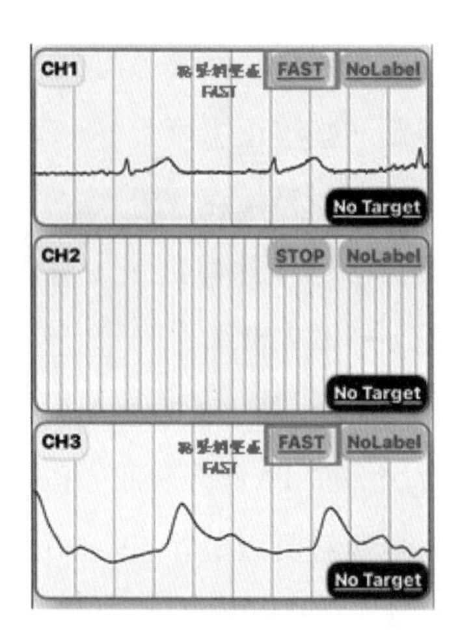

3. 實驗流程如下：

ECG 的部分：可參考實驗課（一）的步驟確認 ECG 訊號穩定

（1）將電線鈕扣端扣上電極。

（2）接線端任意插上 Vin+、Vin-。

（3）電極撕開貼紙貼到雙手手腕。等待約 5 秒讓訊號偵測趨於穩定並觀察訊號。

（4）若波形顛倒，請交換 TriAnswer 上的插線。

（可參考 3.1 單元的 ECG 量測教學）

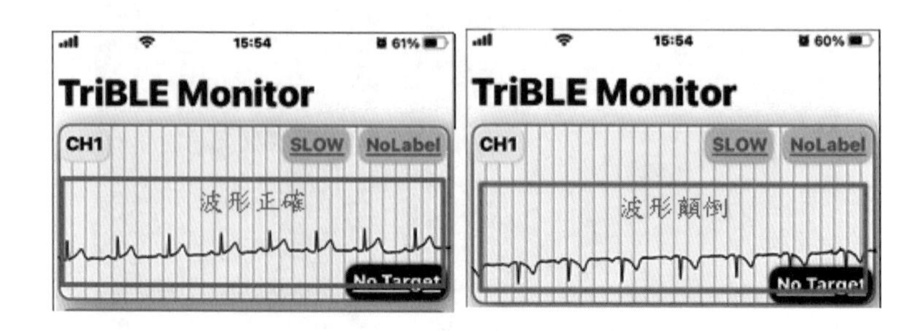

PPG 的部分：

（1）將手指輕放於紅燈位置（2）微調放置力道與位置直到訊號最大擺幅。

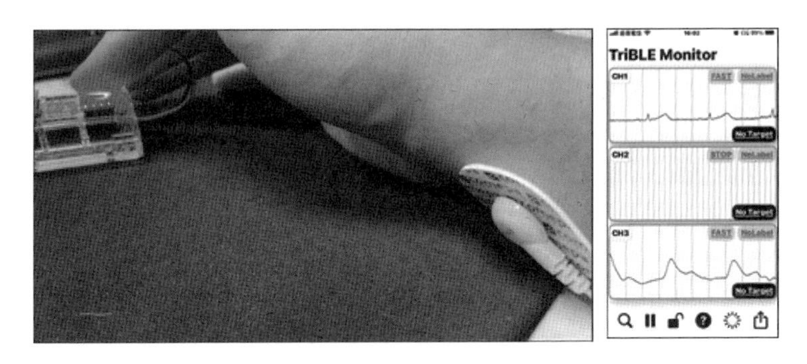

4. 波形穩定後按下紀錄按鈕，再次按下紀錄按鈕即會停止紀錄。試著紀錄 10~20 秒穩定的 ECG 和 PPG 訊號，並按操作說明將紀錄檔案上傳到 Google 雲端，可隨時下載到桌面進行分析，之後在 Colab 上使用「PPG 訊號量測實作單元（二）.ipynb」來進行實作課程，對 Colab 不太熟悉的同學可以參考附錄 B 的操作教學唷！

該如何自製實驗課程（三、四）的證書與報告呢？

（1）下載 5.1 單元程式實作的降低取樣後的眼電訊號與 6.1 單元程式實作的 PPG 訊號與波峰偵測圖。

方法一：利用 Colab 內建截圖功能（Tips：可以利用照相機旁邊的放大鏡的功能來框選想要的圖片範圍）。

方法二：利用電腦內建功能，如 window 的「剪取工具」、

MAC 的截圖功能（shift+alt+4）。

（2）點擊連結填寫測試結果與個人資料，生成專屬的精美證書與報告：Yutech 證書生成網頁（https://myku0814.github.io/Certificate/lab34.html）進入網頁，填寫資料，上傳課程圖片與成果！

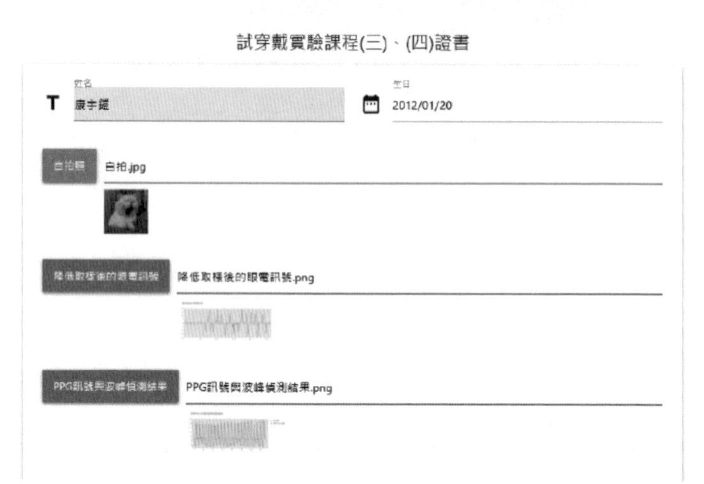

（3）完成課程並找到密碼輸入「證書金鑰」，點選產生證書，輸出 PDF，即可獲得精美報告（Tips：列印欄位的設定選項中，將「頁首及頁尾」取消勾選，即可屏蔽網頁資訊）。

CHAPTER 7

實驗課（五）你有心病嗎？以心電訊號實作人工智慧心臟疾病辨識

7.0 前導篇：人工智慧有這麼厲害？IQ 有比我高嗎？人工智慧基本介紹

相信在你們那個年代，在電視上時常能夠看到與「人工智慧（artificial intelligence, AI）」有關的新聞吧，如自動駕駛、Siri 智慧語音，以及曾經在圍棋比賽中打敗棋王的 Alphago，和人工智慧有關的討論如火如荼，好像不知道人工智慧就感覺要跟時代脫鉤了。

但你知道嗎？其實與人工智慧有關的研究可是從 1950 年代就開始了，那又為何是在這個時間點能夠百花齊放，引起這麼多的關注呢？回答這個問題前，請容我為大家介紹安德烈亞斯・卡普蘭（Andreas Kaplan）和麥可・海恩萊因（Michael Haenlein）兩位大前輩。

他們在針對人工智慧做了很多研究，曾經在他們的書中為我們給出了對人工智慧精闢的定義：系統適切地使用外部資料，從這些資料中學習，利用這些知識來適應並達成特定目標和任務的能力。[1] 從這樣的說明，我們可以歸納出這樣的系統會有三個重點，第一是要有足夠的外部資料，第二是用來學習的演算法，第三是在期限內達成目標與任務。

人工智慧沒能在過去的某個時刻發生，主要是因為三個問題對應到三個重點，第一是沒有足夠的外部資料量，第二是電腦運算速度不夠快，第三是演算法還不夠強大。而這三個問題，在人工智慧

1 Andreas Kaplan and Michael Haenlein(2018), "Siri, Siri in my Hand, Who's the Fairest in the Land? On the Interpretations, Illustrations and Implications of Artificial Intelligence." *Business Horizons* 62(1): 15-25.

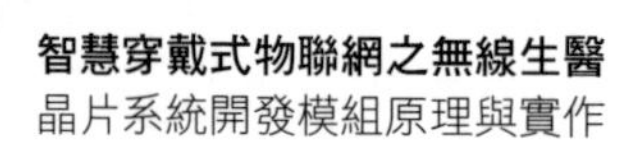

的發展中逐一被克服，才能迎來 AI 的發展越來越蓬勃。

「外部資料量」的問題能夠解決，得多虧感測器、傳輸技術與記憶體的發展。感測器技術的百花齊放讓更多元的高品質資料能夠被收集；有線與無線的傳輸技術的容量與速度讓資料能夠被高速的運送；記憶體技術的進步讓儲存資料的空間利用更有效率。

「運算速度」的問題仰賴半導體技術的蓬勃發展，搭配雲端技術的開發，讓現代的每個人都能夠有管道取得高效的運算力。而「演算法」則在這些年間，持續不斷地進化與突變，無論是在語言、視覺、預測、決策等問題中，都能有不同且合適的方法對應，有的複雜且深遠，有的精簡卻有效。

也正因為有如此蓬勃的發展，現行的人工智慧技術相互交錯，在分類上也較難定義的完全，在你們當時較新的文獻中曾把人工智慧整理為四個主要的組成：專家系統、啟發式問題解決、自然語言處理、計算機視覺。[2] 表 7-1 針對四個組成進行說明與提供例子讓各位參考。

---

2 Tan Yigitcanlar et al.(2020), "Artificial Intelligence Technologies and Related Urban Planning and Development Concepts: How Are They Perceived and Utilized in Australia?" *Journal Open Innovation: Technology, Market, and Complexity* 6(4): 187.

表 7-1｜人工智慧四個主要組成

組成	說明	例子
專家系統	以專家的方式審查狀況並達成理想或預期的成效。	金融理財顧問機器人 機器人客服服務
啟發式問題解決	能推估出較小範圍的解答或試著去猜測並逼近最佳解的能力。	AlphaGo 圍棋軟體 Google map 導航
自然語言處理	讓機器具備與人類有自然語言溝通的能力。	Apple 的 Siri 智慧幫手
計算機視覺	自動產生能辨別形狀與容貌的能力。	視訊電話上的貓耳朵濾鏡 自動駕駛汽車

資料來源：作者整理。

有關於人工智慧的知識是無遠弗屆的，裕鐵克這邊和大家簡介了人工智慧的樣貌，其實有興趣的大家，相信在你們那個年代，網路上已經能找得到更多的資源和內容了吧！

7.1 自動駕駛車怎麼辨認路上的狗狗和狗便便？善於處理影像辨識的 AI

了解了人工智慧在你們的大環境現況後，讓我們來帶著你們試著踏出第一步吧！我們這一次選用人工智慧裡，計算機視覺中的一個分支「卷積神經網路 Convolutional Neural Network, CNN）」來帶大家一同走進人工智慧的世界。

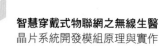

現在請大家試著想像一下，如果你的自動駕駛車在路上遇到狗狗，那肯定是要急煞的吧！但如果在路上的不是狗狗而是狗便便，要是車子急煞肯定會讓你十分困擾的吧！自動駕駛車究竟是如何分辨狗狗和狗便便的呢？且讓裕鐵克我娓娓道來。

為什麼我們使用神經網路來協助辨識呢？回過頭來看，若由人類來辨識的話，我們可以觀察狗狗通常會有兩個耳朵兩個眼睛等特徵；而狗便便會是咖啡色且通常是條狀或螺旋狀，透過人眼我們能夠清楚這些「圖片特徵」來清楚辨識，但若每件事情都要人為地去抓到特徵也未免太沒效率，因此我們建立了一個讓電腦「自己產生特徵」的系統，來協助分辨影像與其他狀況。

而在訓練一個能夠分辨影像的 CNN 模型過程，有幾個重點是需要同學先熟記的，第一是訓練過程要有「解答集」可以對，第二是資料型態必須要是「固定的結構」，第三是結果只會是在「解答集」中有出現的東西。

若是常在網路世界打滾的同學，一定對下面這張圖 7-1 不陌生吧！其實這樣的驗證除了辨認使用者是不是機器人之外，回答結果之後都會被加入大數據資料庫，來給人工智慧對「答案」的；而每一個照片的長寬、像素數目都會是一樣的，都是使用「固定資料結構」；之後給人工智慧對答案來知道「是」或「不是」棕櫚樹。正是因為這些規定，CNN 特別適合用來進行影像辨識，因為同一個鏡頭下很容易去選擇固定畫素，能提供固定的資料結構。

圖 7-1｜「我不是機器人」驗證

在第 7 章，我們將會試著用 CNN 來帶大家試著辨認如下圖的心臟疾病。資料選用學術界廣泛使用的 MIT-BIH 的心電訊號，[3] 並擷取數段一位病人的正常與心律不整時段，以下圖 7-2 與圖 7-3 是兩種訊號的示意圖。可以觀察到心律不整時段的波形非常不規律，其實用肉眼看是非常明顯的，但為什麼我們需要 AI 來協助呢？因為一個人的心臟平均一天會跳 10 幾萬次，心臟科醫師可沒這麼多時間花費在一個病人身上，過去這樣的工作會由專人整天用肉眼查

3 George Moody and Roger Mark(2005), "MIT-BIH Arrhythmia Database." From https://physionet.org/content/mitdb/1.0.0/

看後，再把有用的資料篩出並寫成報告給醫師看，這樣的工作簡單卻繁瑣，人工查看沒有效率也較容易出錯，透過 AI 就能有效率地解決這樣的問題。在接下來的實驗會帶大家試著用人工智慧 CNN 來辨認這兩種波形，後面會引導大家再次用肉眼查看 CNN 的辨識結果與實際訊號是否相符。

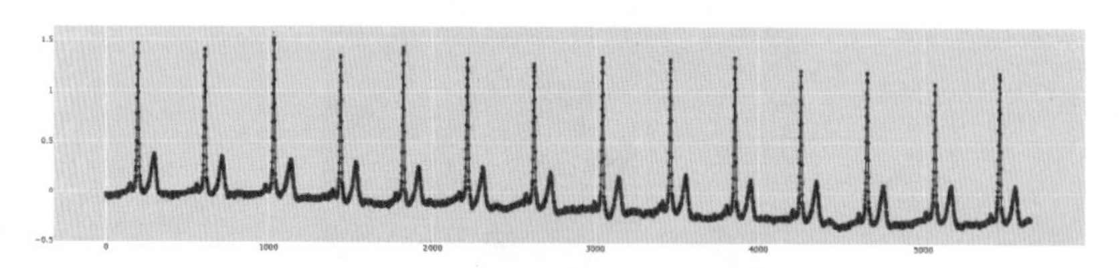

圖 7-2｜正常狀況的心電訊號

資料來源：實驗介面。

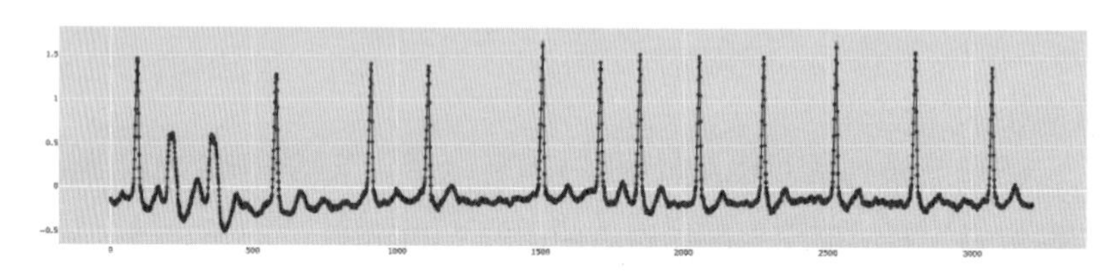

圖 7-3｜心律不整的心電訊號

資料來源：實驗介面。

在實驗過程，為了表達足夠的心律資訊，實驗取 7 個波峰為一個資料單位，如圖 7-4 所示；而前面提到 CNN 這種模型會需要「固定的資料結構」才能處理，因此得將每筆資料都取成一樣的長度。但有的波峰之間比較近，有的波峰之間比較遠，7 個波峰取成的資料長度大多不相同，該怎麼辦才好呢？這邊應用了一個「補零

（Padding）」的 CNN 處理技巧，將不夠長的資料後面補零，讓所有的資料結構都能有固定的長度。

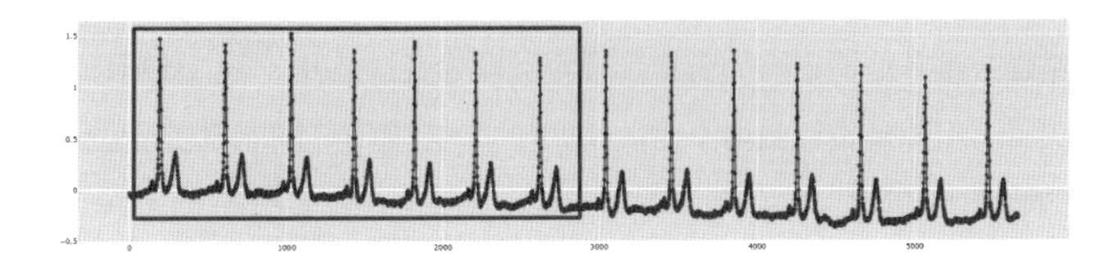

圖 7-4｜七個波峰為一組心電訊號資料

資料來源：實驗介面。

其中一筆「補零後」正常時段的心電訊號

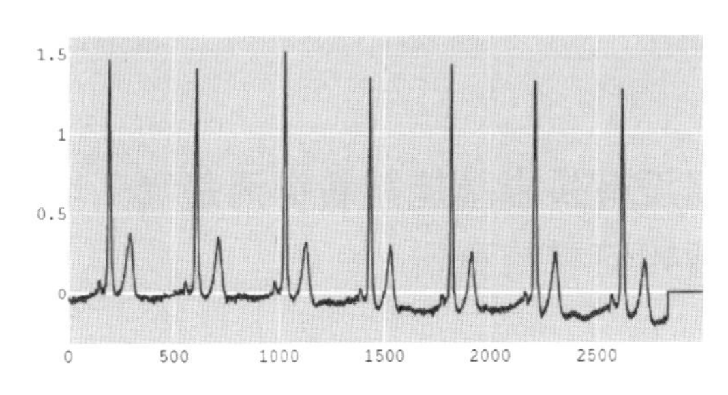

其中一筆「補零後」心律不整時段的心電訊號

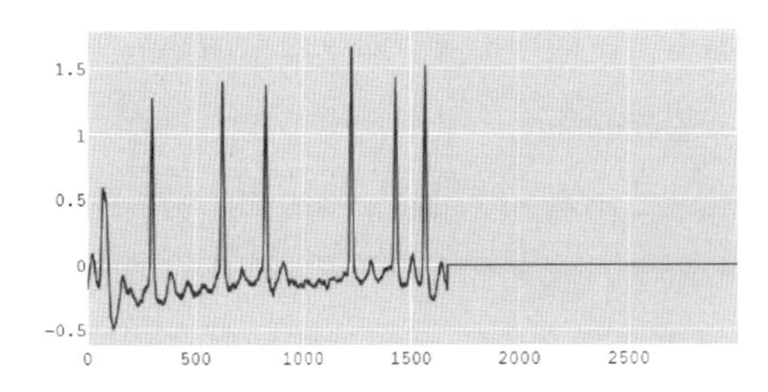

圖 7-5｜補零後的正常與心律不整的心電訊號波形圖

資料來源：實驗介面。

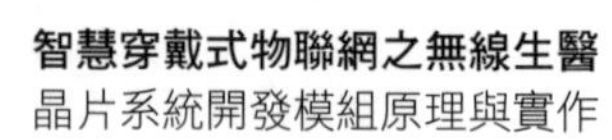

但是要補幾個零才夠呢？這邊裕鐵克在程式中簡單提供一個作法來測試補零的空間夠不夠大，但這個問題針對不同應用其實都會有不同最佳解，若資料長度是固定的，可以用其中最長的資料作為基礎，讓其他比它短的資料都補零到同等資料長度，事情就可以解決了，但如果資料長度不是固定的呢？也許聰明的你能想到什麼好的解法呢？

跟著程式的引導找到最適當的補零長度，如圖 7-5，將資料都固定成同樣格式後，才能在後面的單元好好為他們建立一個 CNN 模型。這次的練習直接在 Colab 上使用「心臟疾病辨識單元（一）.ipynb」就能進行實作課程，對 Colab 不太熟悉的同學可以參考附錄 B 的操作教學唷！

7.2 電腦沒有長眼睛能夠看得清楚嗎？以 CNN 舉例電腦如何看待資料

裕鐵克問你們，你們知道電腦究竟是如何能看到照片和影片的嗎？這個問題得回推到電腦螢幕的呈現原理。雖然現在市面上的螢幕的款式和技術有百百種，但最主要呈現各種顏色的原理，都是透過控制紅、綠、藍光的強度，來組合出不同的顏色。

一個畫素裡就至少會有一組紅、綠、藍的光源來讓螢幕能夠調整它們紅、綠、藍光的強度而呈現不同的顏色。越多的畫素背後代表著越高的解析度，現在的電腦螢幕解析度越做越高，像是 Full HD 在長邊和寬邊上就具備了 1920*1080 超過 200 萬個畫素。

那這跟電腦如何看到照片和影片有什麼關係呢？這個關係可就大了！既然我們人類看到的畫面是螢幕調整紅、綠、藍光強度的結果，電腦就能以當下每一個畫素的紅、綠、藍光強度數據來「看」畫面了。

了解電腦如何看畫面的原理，讓我們進一步以下面這張圖 7-6 為例，想像一張照片裡面其實都是一格一格的畫素，每格畫素根據紅、綠、藍光的強度呈現不同的顏色，最終組成了我們所看到的畫面。相同的面積下，畫素的密度越高，畫面呈現的樣貌就會更細緻，也就是俗稱的高畫質。舉例來說，現在在 Y 站常看到的影片是 720p，它呈現的就是在寬邊有 720 個畫素（pixel），對應長邊固定為 1280 個畫素。在手機或電腦螢幕上看也許是肉眼感覺清晰的，但若搬到電影院的大螢幕看，就會像下面這張圖 7-6，出現明顯一格一格的畫素。

圖 7-6｜畫素照片範例

資料來源：作者繪製。

CNN 模型的整個處理與辨識會經過許多流程，一個最基本的架構如圖 7-7，一張圖片經過數個卷積核（convolution kernel）的卷積層取出數個特徵圖片後，透過激活層（activation layer）轉譯特徵圖片，後續再由池化（pooling）來精煉資料，之後將資料攤平扁化（flatten）來方便運作，再經由「dropout」（丟棄）來修飾 CNN 模型，後面再透過全連接層（fully connected layer）收斂參數，後續再由損失函數（loss function）與優化器（optimizer）來評判該模型的表現並引導模型調整。

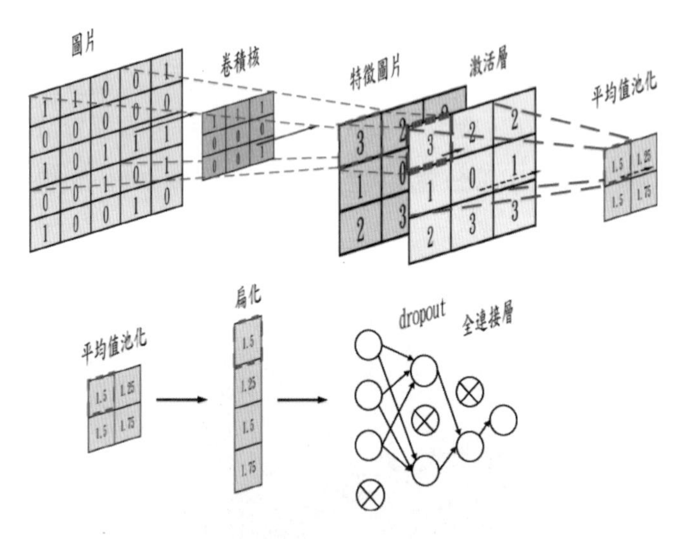

圖 7-7｜基本 CNN 架構流程圖

資料來源：作者繪製。

現在讓我們來一步一步看 CNN 是如何處理這些畫面的吧！在 CNN 裡，在讀取一張圖片時會以數個卷積核（Kernel or Filter）來提取圖片特徵。以圖 7-8 為範例，將圖片與其中一個卷積核進行個別乘加，得出特徵圖片的其中一格畫素後，持續以固定的步伐向右移動直到完成整張圖片的特徵擷取。舉例來說，特徵圖片第一格的「3」，是由圖片的左上九格與卷積核的九格相對應的格子相乘後，再把每格相乘後的結果相加得出來的，這樣的卷積核依照使用者設定可以有數個、數十個、甚至數百個。大家姑且可以把卷積核想像成是一種「濾鏡」，提供電腦提取不同的圖片輪廓，來加強對圖片的認識。整體的感覺大家可以參考圖 7-9 和圖 7-10 來理解卷積核的概念。

特別留意的是，卷積核的數值不必定是 1 或 0，格數也不一定得是 3*3，甚至步伐也不一定要一格一格移動的。更多有關卷積核的設計技巧在網路上都能夠找到更多的資源，有興趣的同學們裕鐵克我建議大家上網學習更多內容。

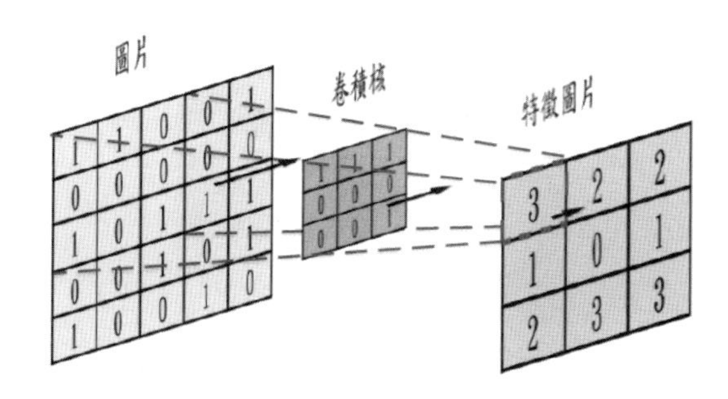

圖 7-8｜卷積核作用於圖片之範例

資料來源：作者繪製。

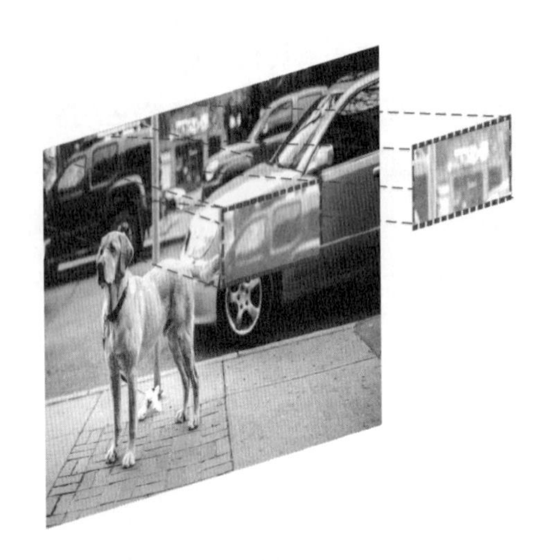

圖 7-9｜真實圖片經卷積核作用範例一

資料來源：作者製作。

圖 7-10｜真實圖片經卷積核作用範例二

資料來源：作者製作。

一張圖片透過數個卷積核以加乘的這種線性運算取得數個特徵圖片後，為了增加 CNN 的複雜性，會再讓這些特徵圖片乘上一個非線性激活函數 f（x）。為什麼要刻意增加 CNN 的複雜性呢？這是讓訓練出來的 CNN 模型能夠兼容處理更多不同的狀況，算是人工智慧裡面其中一個核心價值。常見的激活函數如圖 7-11。

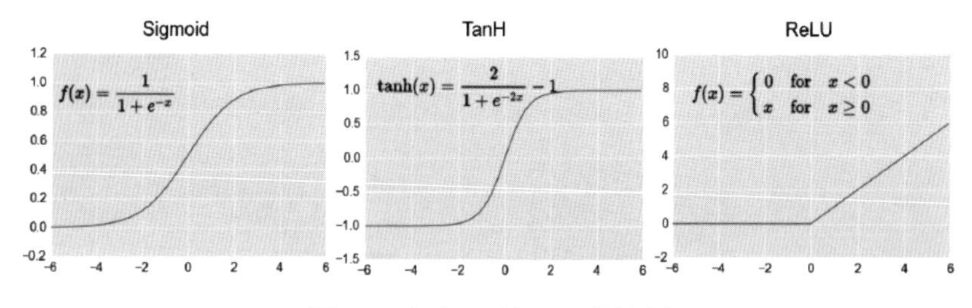

圖 7-11｜常見激活函數範例

資料來源：Mr. Opengate（2017），〈深度學習：使用激勵函數的目的、如何選擇激勵函數〉。網址 https://mropengate.blogspot.com/2017/02/deep-learning-role-of-activation.html

在這之後常會使用池化（Pooling）來接續前面的資料，將其濃縮、簡化來加速後續的運算速度。常見的池化有最大值池化（Max pooling）和平均值池化（Average pooling）兩種，概念其實也非常簡單，就是把設定區域內特徵圖片的數值取最大值或取平均值，透過圖 7-12 和圖 7-13 中的範例可以更實際的了解池化的運作方式。

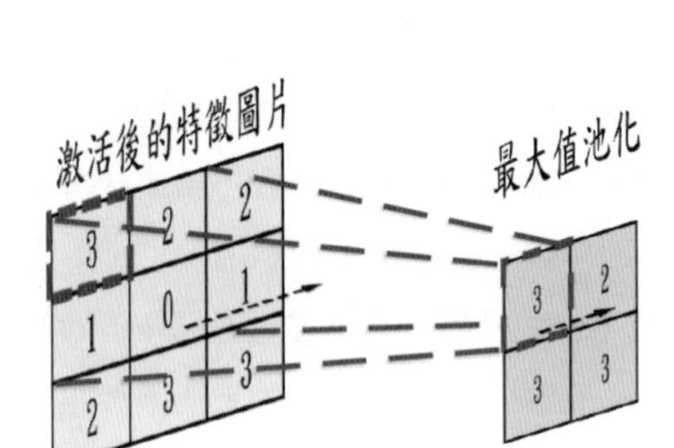

圖 7-12｜最大值池化對特徵資料之作用範例

資料來源：作者繪製。

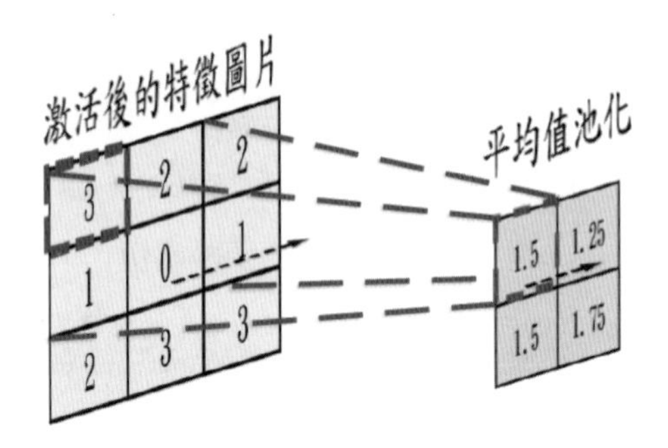

圖 7-13｜平均值池化對特徵資料之作用範例

資料來源：作者繪製。

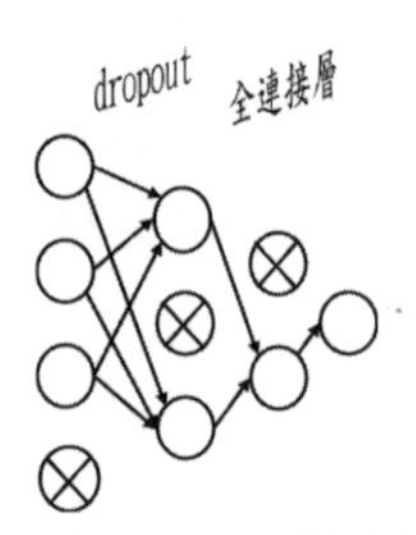

圖 7-14 ｜Dropout 與全連接層

資料來源：作者繪製。

Dropout 的概念就有點像是提高遊戲難度，讓模型不要過度依賴特定幾個資料，因此它會隨機刪除部分資料的取用權限，反覆訓練與觀察模型的效果，調整模型的參數；而全連接層通常會放在模型的最後位置，將前面所有的資料收斂成所需的分類個數，當作一個分類器來使用。如圖 7-14 所示。

在這一小節我們講解了 CNN 基礎的架構與原理，在最後一小節我們會引用損失函式與優化器來訓練我們的 CNN 模型，請大家敬請期待囉！不過，讀到這邊你是不是開始在懷疑自己能否在下面最後一個小節完成上面所有的事情？確實，CNN 的步驟與觀念十分的繁瑣，但值得開心的是在 Python 上有 Keras、Tensorflow 等開源的 CNN 函式庫提供給大家使用，因此不用擔心在程式上面該怎麼實現這些繁瑣的演算法，重點上主要需了解步驟的流程與目的，且使用上只需要懂得引用函式庫、調整參數即可開始建構 CNN 了。

7.3 電腦真的有高視力還能一眼看出你有沒有心病！實作：CNN 模型以心電訊號辨識心臟疾病

了解完設計一個基本的 CNN 模型需要哪些運算層後，通常我們會設計「模擬試題」和「正式考題」讓模型在訓練過程中持續修正，在 AI 的世界裡我們稱這兩種題型分別為「訓練集（train）」和「測試集（test）」。常見的作法會把所有資料分成「七成訓練、三成測試」，當然這是普遍的設定並非規定，所以完全是可以調整的。更讚的是，在 Python 中我們採用簡易的函式「train_test_split」可方便我們拆分資料，這個函式除了比例可以調整之外，還會主動幫我們「shuffle」，也就是洗牌，像是洗撲克牌一樣把資料打散，為的就是讓模型訓練能夠更扎實。

到這邊是不是就大功告了呢？哦不！大家想一下是不是好像漏掉了什麼，考完試交卷之後，還得要有人改考卷呀！需要告訴你錯在哪裡，怎麼修正才能讓表現越來越好不是嗎？訓練 CNN 模型也是一樣的。完成模型後，最後還需要有人幫模型的訓練打分數，來讓模型可以知道自己的調整狀況是否有比上次還要好。

他們是誰呢？他們不是一個人，而是一對兄弟，他們就是「損失函數（loss function）」與「優化器（optimizer）」。損失函數就像是一個評分員，將 CNN 模型階段成果與正解比較，幫他打一個分數；而優化器就像一個教練，引導模型往對的方向調整。損失函數與優化器的種類有很多，應用的時機與類別因人而異，這次的分類選用「categorical_crossentropy」這種損失函數、「Adam」這種優化器，其中也有一些參數能夠調整，像是「learning rate」、「decay」和「loss」等細部內容這邊裕鐵克就暫不多提了，主要這個章節是希望帶大家了解整個 AI 與 CNN 的全貌，更多的內容有興趣的同學可以參考以下這兩篇網誌，非常的紮實也很實用。這邊裕鐵克我想先帶大家進入實作，一起來感受 CNN 的魔力吧！這次的練習直接在 Colab 上使用「心臟疾病辨識單元（三）.ipynb」就能進行實作課程，對 Colab 不太熟悉的同學可以參考附錄 B 的操作教學唷！

損失函數的設計：https://reurl.cc/vgWeqL

從梯度下降到優化器：https://reurl.cc/73peb9

透過在 7.1 章學過的補零技巧，將所有心電訊號的資料完成補零後，就可以開始來打散資料，準備進行模型訓練囉！還記得前面提到必須將資料分成「訓練集」和「測試集」兩種，如果有偷偷打開心電訊號的檔案，如圖 7-15，會注意到除了一串連續數字的心電訊號之外，前面還有一列用來標記每一筆資料的類別，被標為「0」的正常心電訊號總共有 30 筆，被標為「1」的心律不整的心電訊號也有 30 筆，以常規 7:3 的比例來拆分的話，訓練集將會有 42 筆資料，而測試集將會有 18 筆，這個部分在實作中也會帶大家練習。

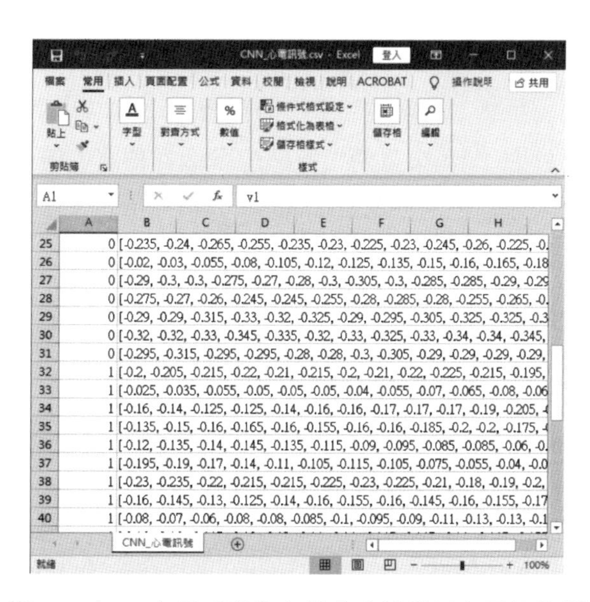

	A	B
25	0	[-0.235, -0.24, -0.265, -0.255, -0.235, -0.23, -0.225, -0.23, -0.245, -0.26, -0.225, -0.
26	0	[-0.02, -0.03, -0.055, -0.08, -0.105, -0.12, -0.125, -0.135, -0.15, -0.16, -0.165, -0.18
27	0	[-0.29, -0.3, -0.3, -0.275, -0.27, -0.28, -0.3, -0.305, -0.3, -0.285, -0.285, -0.29, -0.29
28	0	[-0.275, -0.27, -0.26, -0.245, -0.245, -0.255, -0.28, -0.285, -0.28, -0.255, -0.265, -0.
29	0	[-0.29, -0.29, -0.315, -0.33, -0.32, -0.325, -0.29, -0.295, -0.305, -0.325, -0.325, -0.3
30	0	[-0.32, -0.32, -0.33, -0.345, -0.335, -0.32, -0.33, -0.325, -0.33, -0.34, -0.34, -0.345,
31	0	[-0.295, -0.315, -0.295, -0.295, -0.28, -0.28, -0.3, -0.305, -0.29, -0.29, -0.29, -0.29,
32	1	[-0.2, -0.205, -0.215, -0.22, -0.21, -0.215, -0.2, -0.21, -0.22, -0.225, -0.215, -0.195,
33	1	[-0.025, -0.035, -0.055, -0.05, -0.05, -0.05, -0.04, -0.055, -0.07, -0.065, -0.08, -0.06
34	1	[-0.16, -0.14, -0.125, -0.125, -0.14, -0.16, -0.16, -0.17, -0.17, -0.17, -0.19, -0.205, -
35	1	[-0.135, -0.15, -0.16, -0.165, -0.16, -0.155, -0.16, -0.16, -0.185, -0.2, -0.2, -0.175, -
36	1	[-0.12, -0.135, -0.14, -0.145, -0.135, -0.115, -0.09, -0.095, -0.085, -0.085, -0.06, -0.
37	1	[-0.195, -0.19, -0.17, -0.14, -0.11, -0.105, -0.115, -0.105, -0.075, -0.055, -0.04, -0.0
38	1	[-0.23, -0.235, -0.22, -0.215, -0.215, -0.225, -0.23, -0.225, -0.21, -0.18, -0.19, -0.2,
39	1	[-0.16, -0.145, -0.13, -0.125, -0.14, -0.16, -0.155, -0.16, -0.145, -0.16, -0.155, -0.17
40	1	[-0.08, -0.07, -0.06, -0.08, -0.08, -0.085, -0.1, -0.095, -0.09, -0.11, -0.13, -0.13, -0.1

圖 7-15｜7.3 章程式實作心臟疾病辨識用心電訊號檔

資料來源：實驗介面。

```
model = Sequential()
model.add(Conv1D(filters=101, kernel_size=81, activation='linear', input_shape=(lengthOfData, 1))) #建立101組卷積核來取得101個特徵圖片
model.add(LeakyReLU(alpha=.001)) #激活函式來提升CNN的複雜度
model.add(Conv1D(filters=101, kernel_size=81, activation='linear')) #再次將特徵資料以101組卷積核來取得更多元的特徵圖片
model.add(LeakyReLU(alpha=.001)) #激活函式來提升CNN的複雜度
model.add(MaxPooling1D(3)) #最大值池化來精煉資料
model.add(Dropout(0.5)) #避免過度依賴特定資料而使用
model.add(Conv1D(filters=201, kernel_size=81, activation='linear')) #再次將特徵資料以201組卷積核來取得更多元的特徵圖片
model.add(LeakyReLU(alpha=.001)) #激活函式來提升CNN的複雜度
model.add(GlobalAveragePooling1D()) #平均值池化來精煉資料
model.add(Dropout(0.5)) #避免過度依賴特定資料而使用
model.add(Dense(2, activation='softmax')) #全連接層來幫資料收斂成最後兩個分類吧!
print(model.summary()) #秀出你的模型會長什麼樣子吧!
```

圖 7-16｜7.3 章程式實作心臟疾病辨識用 CNN 模型實例

資料來源：實驗介面。

在 7.2 章帶給大家基本 CNN 的架構流程圖僅為方便介紹，在實戰中層與層之間的堆疊經過先人們的研究有了不同變形，這次會採用 LeNet-5 的 1D 版本 來和大家介紹，這個模型不僅使用了一次卷積層來建立特徵，透過多層次的使用卷積層與池化功能來實現一個 CNN 模型，詳細每一層的規劃可以參考圖 7-16 的說明。

這邊特別想和大家說明，第一層採用 101 個大小為 81 的卷積層來開始，以圖 7-17 來幫助大家理解多個卷積層的概念。而其中一個卷積層，與補零後大小為 3000 的資料作用後，應該會產生一個大小為 2920 的特徵數列，因為卷積層每加乘一次後會右移一格進行下一次的加乘動作，直到 3000 筆資料都被加乘過，由此我們能簡單地歸納出一個特徵數列大小的公式（7.1）。

$$特徵數列大小 = (資料數列大小 - 卷積層大小) + 1 \quad (7.1)$$

而透過 101 個卷積核的作用，我們能夠得到一個資料型態為（2920×101）的特徵數列組，這樣的計算在模組套件的使用中顯得不那麼重要，但在過去這些東西可是基本中的基本，因此在使用

方便的模組套件的同時，我們仍要抓住其中的精隨，可別濫用模組而不知其原理。

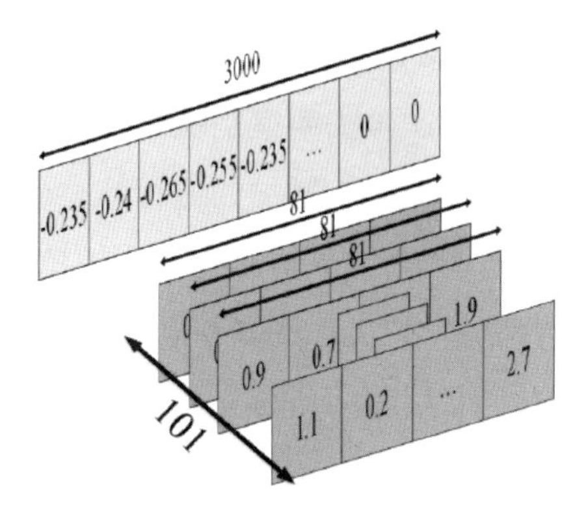

圖 7-17｜一筆心電訊號資料套用 101 個大小為 81 的卷積核示意圖

資料來源：作者繪製。

完成模型的建置後，要將資料丟到模型裡進行訓練，丟的方式也是有學問的，正常的訓練規模可不像現在這樣幾十筆。像裕鐵克前面提到的，人一天就有十萬次心跳，因此要將資料「有條理」地丟進模型訓練，如何有條理地丟呢？以圖 7-18 中的實例說明，主要就是透過「batch size」和「epochs」啦！大家可以想像完成訓練就像吃一碗飯，batch size 就是每一口飯的量，也就是「一次訓練要提供多少筆資料進行訓練」；而 epochs 則是要分幾口來吃完飯，也就是「總共會進行幾次的訓練」。

這一邊的重點是，batch size 若一次給太少的資料，很難收斂模型，使得最後成效不彰，一次給太多又會造成計算負擔，使得訓練效率低落，如何找到一個洽當的數值，可能會因著實驗資料量的大

小、多寡或大家手邊的硬體設備不同而有所變動，因此在執行自己的訓練可以從較小的數字嘗試，若觀察到訓練成效不彰則可提高 batch size 來試著增加訓練效率；epochs 的設計也可以是類似的概念，先以較小的 epochs 數去觀察訓練成效，以圖 7-19 來舉例說明，若觀察到訓練的 epochs 增加的過程其「精準度（accuracy）」還有成長空間，即可增加 epochs 數來提供模型更多次的訓練。在這次我們預設讓模型一次以 10 筆資料訓練，並總共做 20 次的訓練流程吧！

```
history = model.fit(X_train,Y_train,batch_size=10,epochs=20,validation_split=0.3)

model.save('Your_first_CNN_model.h5')


plt.plot(history.history['accuracy'])
plt.plot(history.history['val_accuracy'])
plt.title('model  accuracy')
plt.ylabel('accuracy')
plt.xlabel('epoch')
plt.legend(['train',  'test'],  loc='upper  left')
plt.show()
```

圖 7-18｜資料訓練 CNN 模型之 batch_size, epochs 設定

資料來源：實驗介面。

```
Epoch 3/20
3/3 [==============================] - 16s 6s/step - loss: 1.4728 - accuracy: 0.5862 -
Epoch 4/20
3/3 [==============================] - 16s 6s/step - loss: 0.6812 - accuracy: 0.5862 -
Epoch 5/20
3/3 [==============================] - 16s 6s/step - loss: 1.2443 - accuracy: 0.5172 -
Epoch 6/20
3/3 [==============================] - 18s 6s/step - loss: 1.6150 - accuracy: 0.4828 -
Epoch 7/20
3/3 [==============================] - 16s 6s/step - loss: 1.0105 - accuracy: 0.6207 -
Epoch 8/20
3/3 [==============================] - 16s 6s/step - loss: 1.1143 - accuracy: 0.6207 -
Epoch 9/20
```

圖 7-19｜epochs 訓練過程與精準度呈現之實例

資料來源：實驗介面。

完成訓練後大家應該能夠在這段程式最下方找到這張「模型精準度（model accuracy）」，如圖 7-20，在這次的課程中，考量到時間較為緊湊，以較少的資料量與較少的 epochs 數來示範，然在常規的訓練中如果採用更龐大的資料量與較長的 epochs 數來輔助模型訓練，其步調應該會是更緩且穩定的，就像圖 7-21 這樣，之後大家如果有建立自己的模型可以再多觀察。

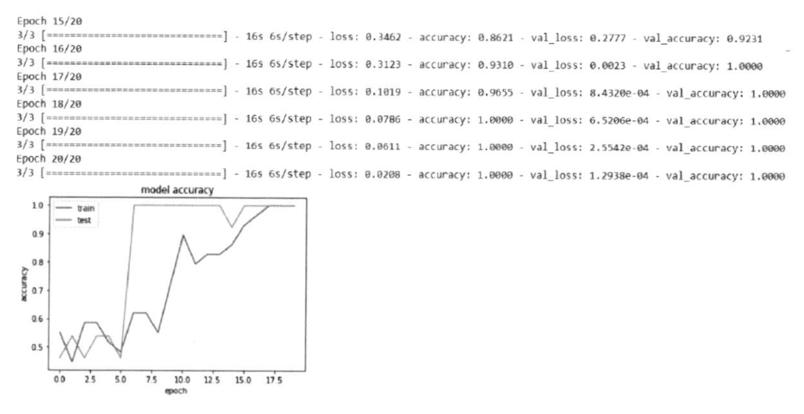

圖 7-20｜完成所有 epochs 與最終模型精準度線圖呈現

資料來源：實驗介面。

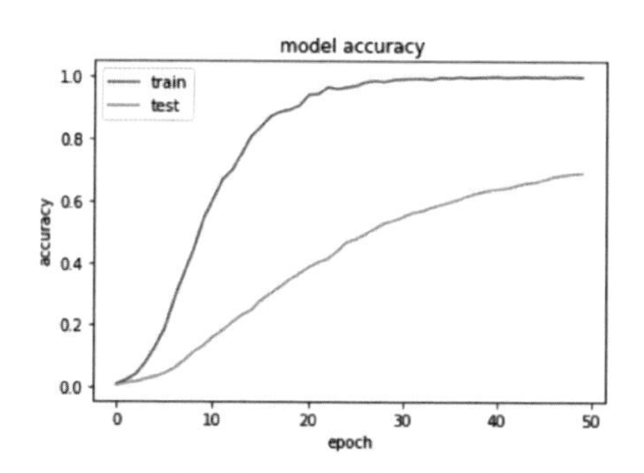

圖 7-21｜常規訓練的模型精準度線圖範例

資料來源：實驗介面。

完成這次課程的模型後，利用第六段程式碼，來檢視模型訓練後的成果吧！透過文字可以查看每一筆「測試集」心電訊號給模型辨識後的推測，這次拆分了 18 筆資料到測試集，因此會有 18 個結果，如圖 7-22。有興趣的同學若想用肉眼檢視，也可以利用下段程式碼分別叫出波形圖來驗證結果。這次的實驗課終於到這邊告一個段落了，大家也給自己一個掌聲鼓勵吧！

6. 用切割好的測試集的資料，來看看你的CNN模型夠不夠給力吧！

```
[ ] accr = model.evaluate(X_test,Y_test)
    argmax = np.argmax(model.predict(X_test), axis=1)

    print("\n測試集裡面的心電訊號經過CNN辨識結果從第一筆依序為", argmax)
    print("其中的判斷，0為正常狀況心電訊號；1為心律不整心電訊號")
    print("測試的整體準確度為", accr[1])
```

```
1/1 [==============================] - 2s 2s/step - loss: 1.8750 - accuracy: 0.8333

測試集裡面的心電訊號經過CNN辨識結果從第一筆依序為 [0 1 1 1 0 1 0 1 0 1 1 1 0 1 1 1 1 1]
其中的判斷，0為正常狀況心電訊號；1為心律不整心電訊號
```

圖 7-22｜心電訊號經 CNN 模型辨識後的推測

資料來源：實驗介面。

其實上面裕鐵克說的這些內容，在 AI 發展日新月異的途中已經是非常前期的了，雖說是前期，但後期的內容也是站在這些基礎上去堆疊延展的，因此這些基礎還是十分地重要。更新的研究其實已經把我在 7.2 章說的幾個層更進一步包起來成為一個模組（inception），擴展的層數也甚至到十幾層，是不是很嚇人呀！

雖說如此，在生理訊號的 AI 開發裕鐵克認為重點並不在多高層數的模型，而是好的訊號品質，最忌諱的就是「Garbage in, garbage out」，意思是壞的資料只會得到壞結果，只要取得高品質的

訊號，再搭配精明的演算法或 AI 模型就能完成許多很棒的應用。這堂課雖然只是帶給大家單一心電訊號的心律不整辨識的研究，但其實還有很多可以延伸搭配的內容。就像是第六章 PPG，可以應用在血壓或血氧，將兩種甚至三種不同的訊號同時交給 AI 模型進行「多訊號感測分析」，當然到那個時候的研發可能會更複雜了。

未來 TriAnswer 也將持續發展更多的課程，像是腦電、呼吸訊號，提供大家更多不同的生理訊號的課程，裕鐵克認為每個人的一種生理訊號就像是人體的一塊拼圖，透過拼圖能夠了解人體的片面資訊，而了解越多的生理訊號就能夠越了解人體全面的資訊，例如將心率和呼吸結合，就可以去計算卡路里消耗或代謝率，多樣化的研究項目都能夠透過不同生理訊號的排列組合取得多樣化的應用。

好啦！我這趟時空旅行也差不多告一個段落了，裕鐵克很期待透過你們，在這個平行時空會有越來越多的生理訊號裝置出現，說真的能夠完成裕鐵克安排的這些課程，你們都是非常優秀的！裕鐵克相信你們，去激發你們的創意吧！我就先走囉，交給你們了！

該如何自製實驗課程（五）的證書與報告呢？

（1）下載 7.1 單元程式實作的正常心電、心律不整心電訊號與 7.3 單元程式實作的 Model Accuracy 圖片（此圖可按右鍵另存圖檔）。

方法一：利用 Colab 內建截圖功能（Tips：可以利用照相機旁邊的放大鏡的功能來框選想要的圖片範圍）。

方法二：利用電腦內建功能，如 window 的「剪取工具」、

MAC 的截圖功能（shift+alt+4）

（2）點擊連結填寫測試結果與個人資料，生成專屬的精美證書與報告：Yutech 證書生成網頁（https://myku0814.github.io/Certificate/lab5.html）進入網頁，填寫資料，上傳課程圖片與成果！

Yutech

試穿戴實驗課程(五)證書

2022/03/03

自拍.jpg

正常心電訊號.png

心律不整心電訊號.png

Model Accuracy.png

（3）完成課程並找到密碼輸入「證書金鑰」，點選產生證書，輸出 PDF，即可獲得精美報告（Tips：列印欄位的設定選項中，將「頁首及頁尾」取消勾選，即可屏蔽網頁資訊）。

APPENDIX

附錄

A TriAnswer 操作說明

1. 將 TriAnswer 上電開機。

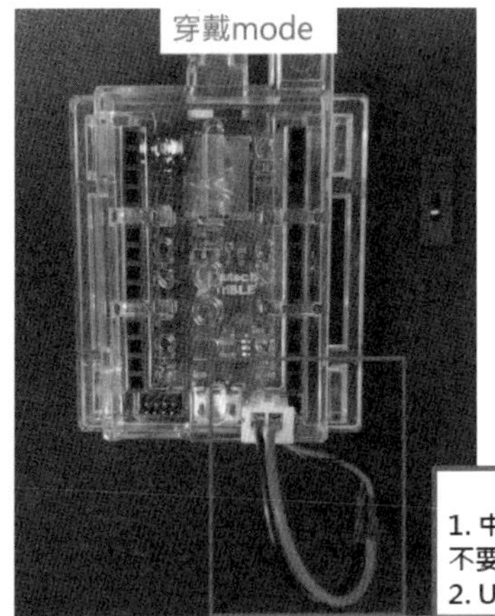

2. 將所需的模組插上 TriAnswer，對應通道會將擷取訊號傳送到手機 App。

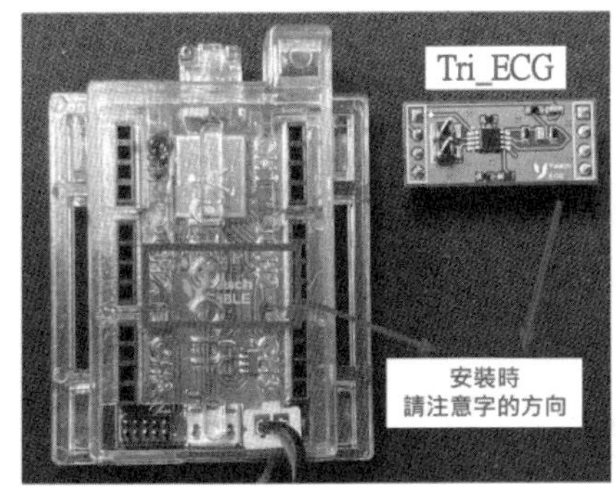

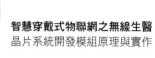

3. 手機安裝 Tri_BLE 的 APP 來觀察訊號。

iOS 連結
（https://apps.apple.com/tw/app/trible/id1532572637）

Andriod 連結
（https://github.com/YuTecHealth/TriAnswer-SCR-APP/raw/main/）

4. 開啟 APP，點擊藍牙連結功能，連上自己編號的 TriAnswer。

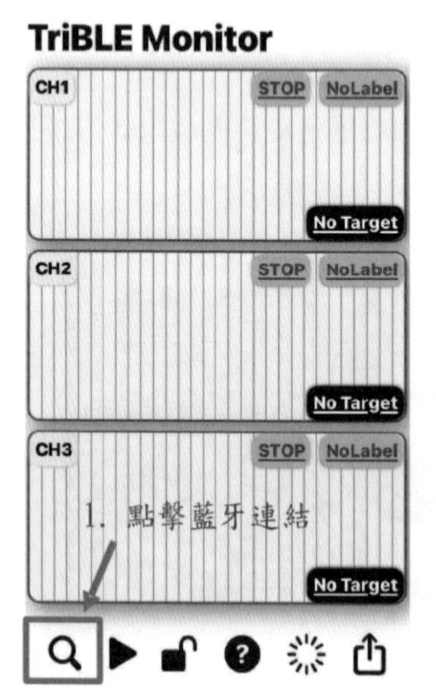

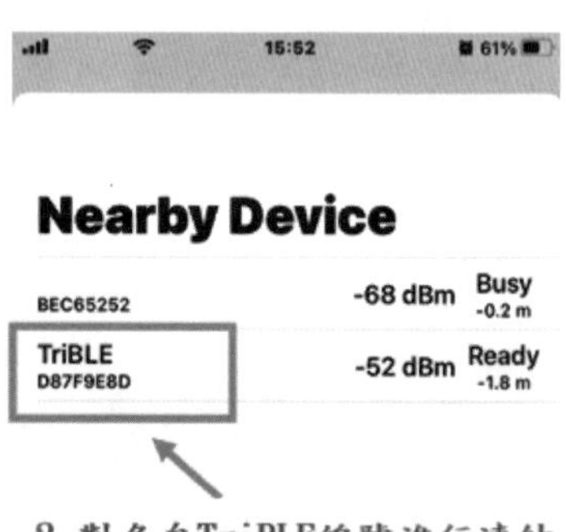

5. 先點擊第一個視窗的 Stop 按鈕，可切換速度為 Slow、Middle、Fast，分別對應取樣頻率為 333 赫茲、500 赫茲、1000 赫茲。

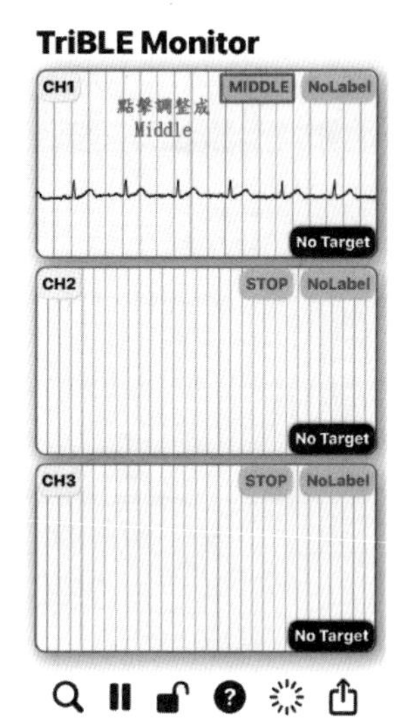

6. 將紀錄檔案上傳到 Google 雲端來進行後續資料分析。

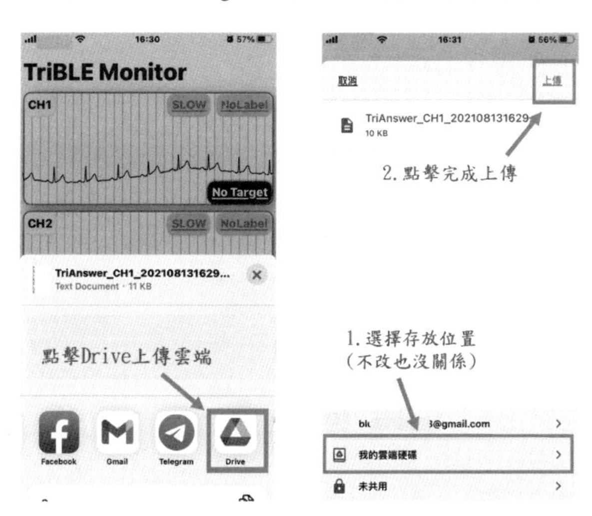

Ⓑ Python 程式實作說明

1. Google 搜尋輸入 Colab，點擊 Google Colab 網站，點擊右上「登入」。

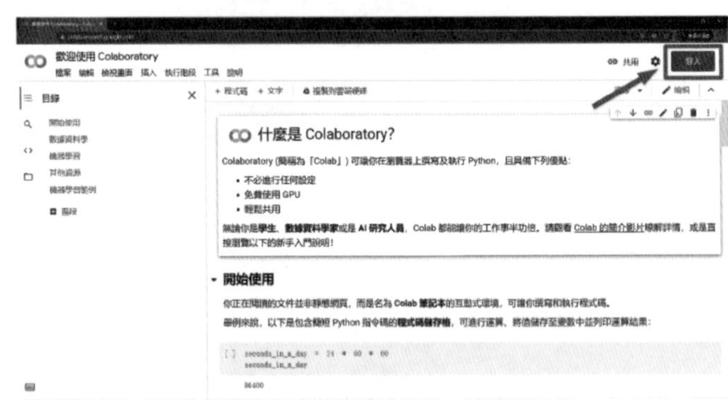

2. 點選「檔案」、選擇「開啟筆記本」。

   切換到「上傳」選單

   點選「選擇檔案」

   選擇資料夾中的「□□□□實作單元（□）.ipynb」

   完成檔案開啟

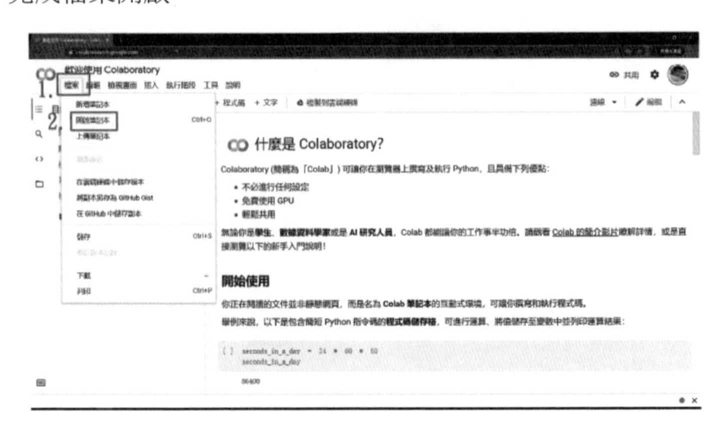

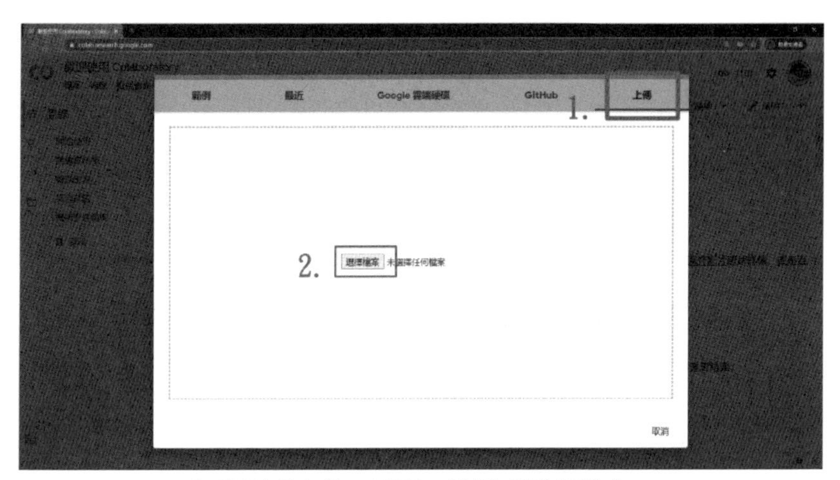

切換到「上傳」選單、點選「選擇檔案」

選擇資料夾中的「□□□□實作單元(□).ipynb」、完成檔案開啟

3. 登入 google，點擊段落程式左上的播放鍵，確認執行即可執行片段程式！跟著筆記本裡的內容，接著完成課程吧！

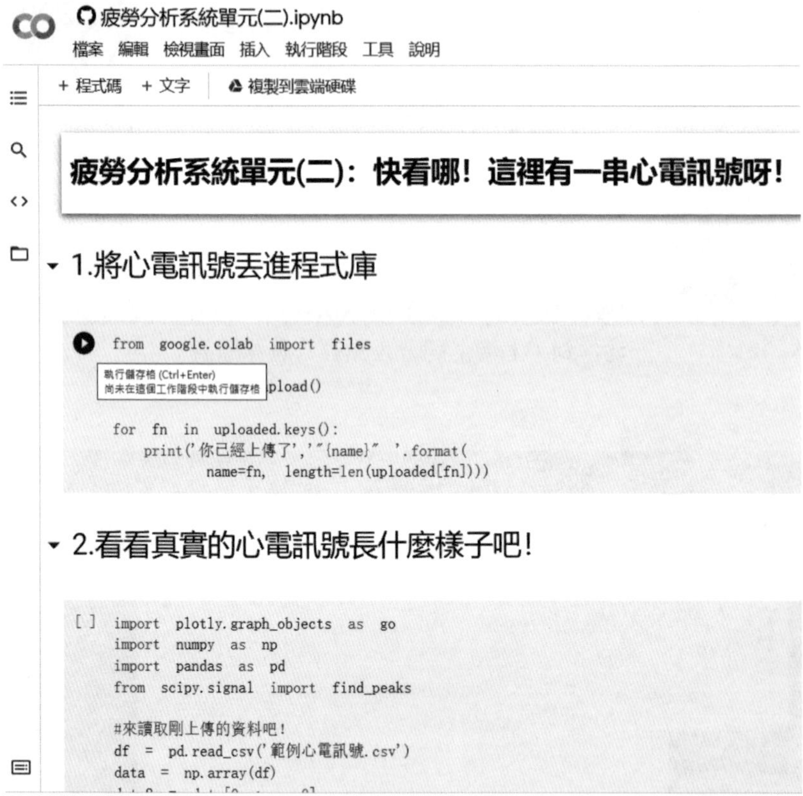

疲勞分析系統單元(二).ipynb
檔案 編輯 檢視畫面 插入 執行階段 工具 說明
+ 程式碼 + 文字 複製到雲端硬碟

疲勞分析系統單元(二)：快看哪！這裡有一串心電訊號呀！

1.將心電訊號丟進程式庫

```
from google.colab import files

執行儲存格 (Ctrl+Enter)
尚未在這個工作階段中執行儲存格 pload()

for fn in uploaded.keys():
    print('你已經上傳了','"{name}" '.format(
          name=fn, length=len(uploaded[fn])))
```

2.看看真實的心電訊號長什麼樣子吧!

```
[ ] import plotly.graph_objects as go
    import numpy as np
    import pandas as pd
    from scipy.signal import find_peaks

    #來讀取剛上傳的資料吧!
    df = pd.read_csv('範例心電訊號.csv')
    data = np.array(df)
```

Ⓒ 課程證書操作流程

該如何自製實驗課程證書與報告範例呢？

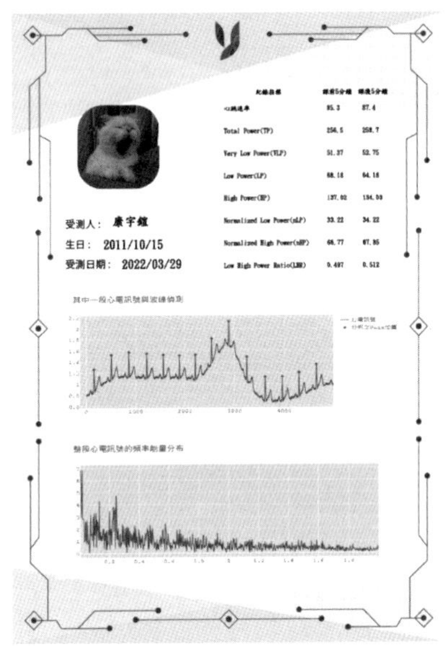

（1）下載課程所需的圖片。

方法一：利用 Colab 內建截圖功能（Tips：可以利用照相機旁邊的放大鏡的功能來框選想要的圖片範圍）。

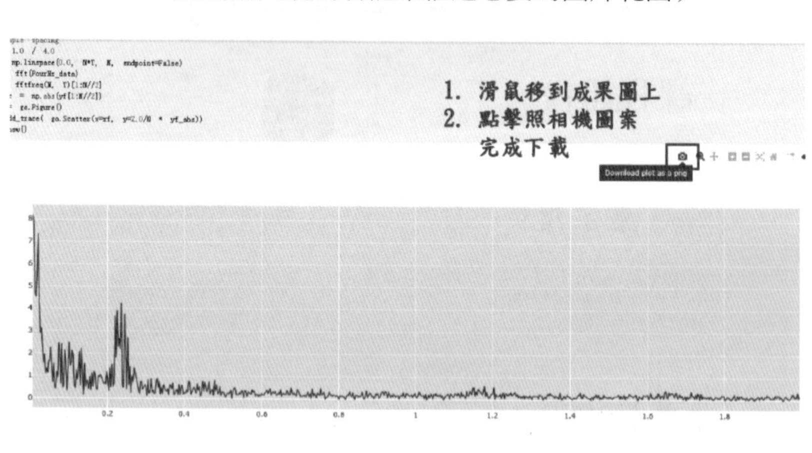

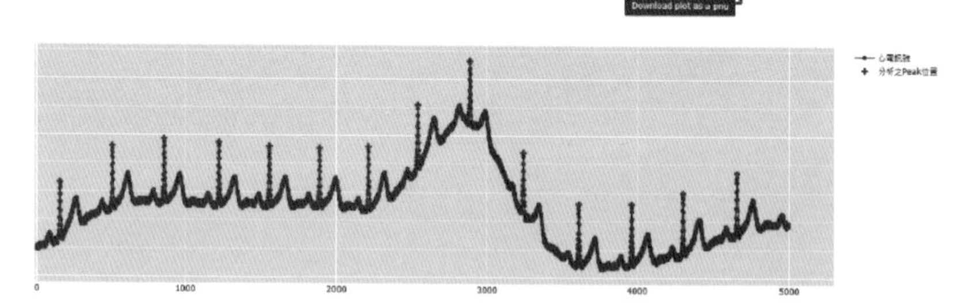

方法二：利用電腦內建功能，如 window 的「剪取工具」、MAC 的截圖功能（shift+alt+4）。

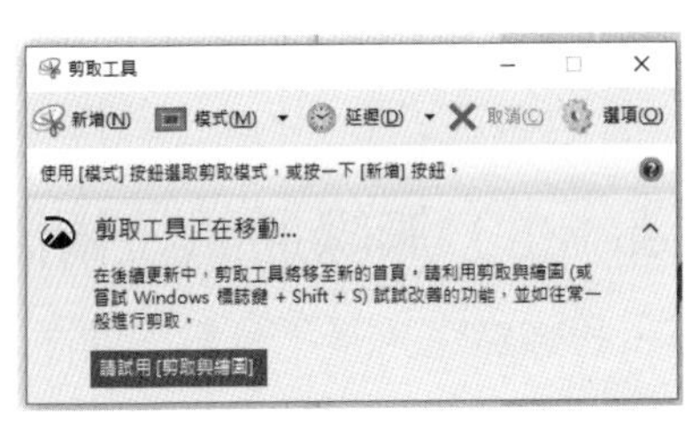

（2）點擊連結填寫測試結果與個人資料，生成專屬的精美證書與報告：Yutech 證書生成網頁（https://myku0814.github.io/Certificate/lab1.html）進入網頁，填寫資料，上傳課程圖片與成果！

Yutech

試穿戴實驗課程(一)證書

2011/10/15

自拍.jpg

心電圖　心電.png

心律變異率　FFT頻率.png

紀錄指標	課前5分鐘	課後5分鐘
心跳速率	85.3	87.4
Total Power(TP)	256.5	258.7
Very Low Power(VLP)	51.37	52.75

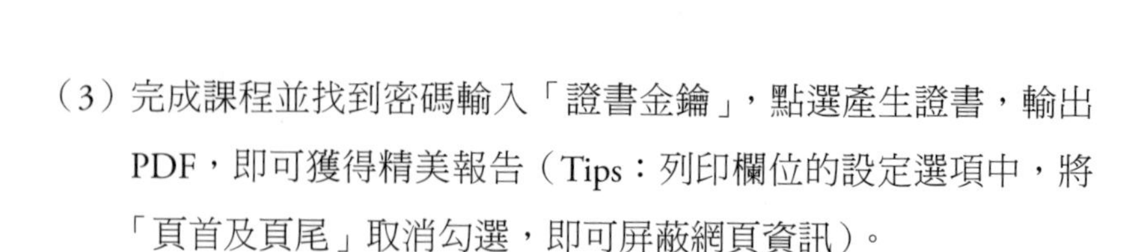

（3）完成課程並找到密碼輸入「證書金鑰」，點選產生證書，輸出 PDF，即可獲得精美報告（Tips：列印欄位的設定選項中，將「頁首及頁尾」取消勾選，即可屏蔽網頁資訊）。

D 藍牙（Bluetooth）無線通訊技術簡介

哈囉！大家好，我裕鐵克，是不是看完前面的章節對未來的世界多了更多的想像呢？但其中不斷在物聯網提到的藍牙究竟是什麼？為什麼明明有 4G、5G 網路不用，還要多一種藍牙傳輸呢？就讓裕鐵克我來為大家揭開藍牙的神秘面紗吧！

藍牙（英語：Bluetooth），一種無線通訊技術標準，用來讓固定與行動裝置，在短距離間交換資料，以形成個人區域網路（PAN）……。等等，難道這些在維基百科的資料你們都已經看過了嗎？那好吧！那就讓裕鐵克我來翻轉一下，以快問快答來和各位說明與一探究竟（Check it out）吧！

Q1：無線通訊技術是什麼？看不到，聽不到，為什麼手機卻收得到？

A1：這個啊……，來來來，裕鐵克問你哦！你會用眼睛聽鳥叫，用耳朵來賞鳥嗎？與其說會不會，不如說是辦不到，因為耳朵能接收到的只有特定頻率的聲音振動；而眼睛也只能接收到特定波長內的可見光。無線通訊技術正是運用特定頻率來發送與接收訊號，你的身上沒有 4G、5G 網路或 Wifi、藍牙的接收器，怎麼能收得到呢？

Q2：傳輸技術幹嘛這麼多種，都用現在的 4G、5G 網路傳不就好了嗎？

A2：不好！當然不好！如果老媽要你下樓倒垃圾，明明還有 10 分鐘，慢慢走下樓就好，你會用跑百米的速度趕在 1 分鐘之內衝下樓，然後和老媽對望 9 分鐘嗎？裕鐵克我是不會啦，用不著那麼快，又浪費力氣，太不划算了吧！藍牙和 4G、5G 網路就像這樣，藍牙傳輸的速度慢、能傳的距離也比較短，但卻能夠比較省電；4G、5G 網路傳輸的速度快、能傳的距離雖然比較長，但相對的卻要消耗比藍牙多好幾倍的電量，很快你的穿戴式裝置或手機就沒電了，根本撐不到 24 小時。因此不同的任務和場合使用的傳輸技術自然就會不同。

Q3：藍牙傳輸速度比較慢呀……難怪我打遊戲的時候聲音都會有延遲，真是的！

A3：唉唷！我們工程師們已經很努力了啦！我們一般人的耳朵通常延遲 0.15 秒就能有所察覺。看看以下圖示就知道為什麼和有線耳機相比，藍牙耳機要做到感受不到延遲簡直是難如登天了呀！

一般而言，聲音和影像只要延遲超過 0.15 秒，我們就能察覺到聲音延遲，而有線耳機平均延遲就落在 0.1 秒，所以我們通常很無感；藍牙無線耳機除了傳送和接收無線訊號之外，還要進行編碼和解碼，這段時間要在所剩無幾的 0.05 秒內做到根本是不可能的呀！目前市面上大部分藍牙無線耳機的延遲平均是在 0.2~0.3 秒之間，也因此你會感覺到稍微的延遲啦！

不過相信只要有人性上的需求，工程師們一定會在不久的將來，把這個延遲問題給破除掉的。好啦！時間也差不多了，我們要再去和下一組同學介紹藍牙啦！

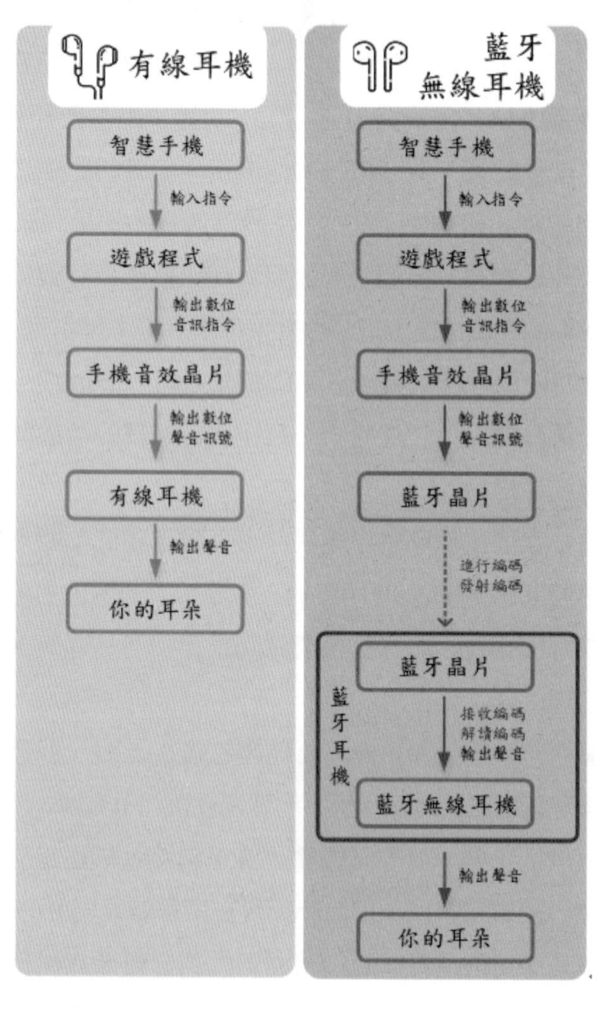

有線耳機V.S.藍牙無線耳機的訊號傳送流程

Q4：欸欸欸！等一下！那我有最後一個問題，藍牙為什麼會叫藍牙啊？

A4：齁！好啦！這個呀！這就要說到 20 世紀末，當時通訊技術最為發達的歐洲業界龍頭們希望能統一短距離傳輸的技術，於是將名稱取自 10 世紀一統北歐的國王——「藍牙」哈拉爾，據傳藍牙這個綽號是來自哈拉爾一世太愛吃藍莓，因此牙齒皆已被染成藍色的呢。看你這個好奇鬼，滿肚子的好奇心，將來一定也能成為一個優秀的科學家吧！

E 圖檔素材、ADALM 2000 圖檔與免費軟體使用聲明

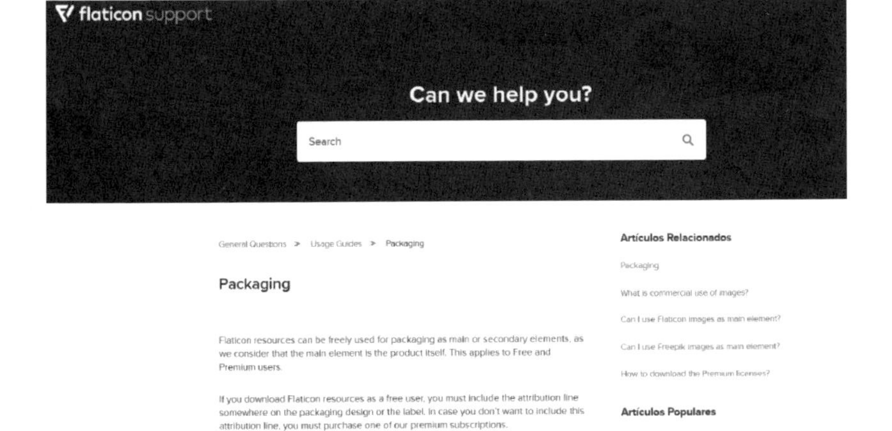

pixabay Explore Log in Join 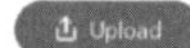

Pixabay

FAQ

License

Terms of Service

Privacy Policy

Cookies Policy

About Us

Forum

Simplified Pixabay License

Our license empowers creators and protects our community. We want to keep it as simple as possible. Here is an overview of what Pixabay content can and can't be used for.

What is allowed?

✓ All content (e.g. images, videos, music) on Pixabay can be used for free for commercial and noncommercial use across print and digital, except in the cases mentioned in "What is not allowed".

✓ Attribution is not required. Giving credit to the artist or Pixabay is not necessary but is always appreciated by our community.

✓ You can make modifications to content from Pixabay.

Google

Colaboratory

Frequently Asked Questions

The Basics

What is Colaboratory?

Colaboratory, or "Colab" for short, is a product from Google Research. Colab allows anybody to write and execute arbitrary python code through the browser, and is especially well suited to machine learning, data analysis and education. More technically, Colab is a hosted Jupyter notebook service that requires no setup to use, while providing access free of charge to computing resources including GPUs.

Is it really free of charge to use?

Yes. Colab is free of charge to use.

AGREEMENT FOR PUBLICATION OF ADALM 2000 IN TRIANSWER PRACTICE BOOK

We agree to promote and use the materials, including photos, tools, user guide, and software, of Analog Device ADALM 2000 in the TriAnswer practice book entitled "**智慧穿戴式物聯網之無線生醫晶片系統開發模組原理與實作**" under the cooperation projects between the National Cheng Kung University Press., Taiwan and Analog Device Inc, USA.

Book Title	智慧穿戴式物聯網之無線生醫晶片系統開發模組原理與實作	
Publication Month	06 / 2022 (mm/yyyy)	
ADI Management	Name	Jackey Chen
	Position	Corporate Account Manager
	Institution	Analog Devices Taiwan Limited
NCKU Professor	Name	Shuenn-Yuh Lee
	Position	Distributed Professor/Director of System-on-Chip Research Center
	Institution	Department of Electrical Engineering/National Cheng Kung University

From Analog Device Inc, USA.

Signature: 陳曜楷

Date: 04 / 18 / 2022 (dd/mm/yyyy)

From National Cheng Kung University, Taiwan

Signature: Shuenn-Yuh Lee

Date: 04 / 18 / 2022 (dd/mm/yyyy)

Yutech  裕晶 醫學科技 股份有限公司

裕晶醫學科技（Yutech）創立於2019年，源自於國立成功大學通訊暨生物積體電路設計實驗室（CBIC），致力生醫系統晶片、生醫穿戴式裝置與手機、雲端平台的開發，以提升人類健康品質為核心目標。因此，裕晶醫學科技推出「貼身守護神」系列產品，將提升人類健康品質為目標，循序漸進經醫療科技推廣至日常穿戴監控且普及至教育推廣市場，由特定場域普及至普羅大眾以增進人類社會福祉，並可延伸於工廠健康監控。

裕晶醫學科技擁有系統硬體設計、軟韌體開發、物聯網系統整合、人工智慧以及系統晶片整合設計等多項前瞻研究技術能力，在兩岸、美國取得40餘種專利技術，可提供客戶客製化系統設計等多項服務。目前產品包含貼心片（YuGuard）、貼心音（YuSound）、尿檢譯（YuRine）、貼心衣（YuCloth）、貼心帶（YuBelt）、寵心衣（YuPet）、試穿戴（TriAnswer）、檢備譯（YuCBM）。

核心技術

人工智慧

健康照護

穿戴式&物聯網

台南, 台灣

裕晶醫學科技股份有限公司

中西區民族路二段153號7樓之4

電話：+886-6-221-6189

電子郵件：service@yutechealth.com

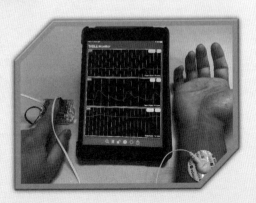

本書經成大出版社出版委員會審查通過

智慧穿戴式物聯網之無線生醫晶片系統開發模組原理與實作

著　　者 | 李順裕

發 行 人　蘇芳慶
發 行 所　財團法人成大研究發展基金會
出 版 者　成大出版社
總 編 輯　游素玲
執行編輯　吳儀君
地　　址　70101 台南市東區大學路 1 號
電　　話　886-6-2082330
傳　　真　886-6-2089303
網　　址　http://ccmc.web2.ncku.edu.tw

出　　版　成大出版社
地　　址　70101 台南市東區大學路 1 號
電　　話　886-6-2082330
傳　　真　886-6-2089303

排版設計　菩薩蠻數位文化有限公司
印　　製　秋雨創新股份有限公司
初版一刷　2022 年 7 月
定　　價　350 元
I S B N　978-986-5635-69-5

國家圖書館出版品預行編目（CIP）資料

智慧穿戴式物聯網之無線生醫晶片系統開發模組原理與實作/李順裕著. -- 初版. -- 臺南市 : 成大出版社出版 : 財團法人成大研究發展基金會發行, 2022.07
面；　公分
ISBN 978-986-5635-69-5（平裝附數位影音光碟片）

1.CST：生物醫學工程 2.CST：醫療科技 3.CST：人工智慧

410.35　　111009189